Wildtier-Paradies

Mecklenburg-Vorpommern

Wildtier-Paradies Mecklenburg-Vorpommern

Impressum

1. Ausgabe 2017 – Sonderausgabe zum Bundesjägertag in Warnemünde/Mecklenburg-Vorpommern

Idee | Konzept | Satz | Gestaltung | Druck:
Ulf-Peter Schwarz | NWM-Verlag

Herausgeber:
Stiftung Wald und Wild in Mecklenburg-Vorpommern
An der Schildmühle 6a | 19260 Schildfeld

Verlag:
cw Nordwest Media Verlagsgesellschaft mbH
Am Lustgarten 1 | 23936 Grevesmühlen
Tel.: 03881-2339 | Fax: 03881-79 143
E-Mail: info@nwm-verlag.de
www.nwm-verlag.de

ISBN: 978-3-946324-13-3

NWM-Verlag

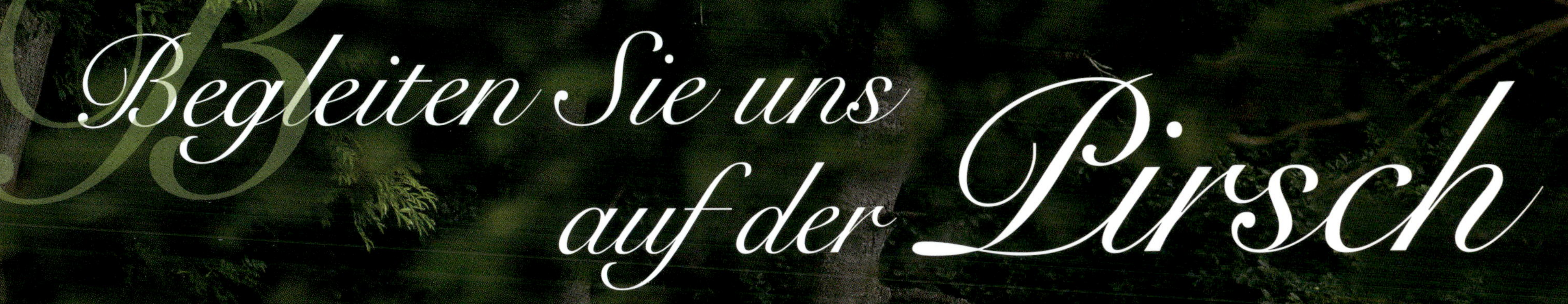

Begleiten Sie uns auf der Pirsch

Wir laden Sie ein auf eine Foto-Pirsch durch unser schönes Bundesland, dessen Reichtum die Schönheit seiner Landschaft und die Einzigartigkeit seiner Tierwelt ist.
Den Tierfotografen Frank Eckler, Michael Paasch und Jürgen Reich, von denen die überwiegende Anzahl dieser hochkarätigen Aufnahmen stammen, möchte ich an dieser Stelle herzlich danken. Sie erreichen mit ihren Bildern mehr als tausend Worte.

Ulf-Peter Schwarz/Verleger

Inhalt

Vögel des Glücks

Im Frühjahr und Herbst sorgt der Zug der Kraniche für ein einmaliges musikalisches Naturschauspiel. Abertausende der Vögel des Glücks rasten dann zweimal im Jahr in den flachen Bodden- und Seengewässern in Mecklenburg-Vorpommern.
Viele der Brutpaare bringen in den zahlreichen Söllen, Mooren und Teichen unseres Landes ihre Jungen zur Welt, ehe im Herbst der Süden ruft.

Wasser ist Leben

Mecklenburg-Vorpommern hat mit seiner 380 km langen Außenküste zur Ostsee und der über 1500 km Haff- und Boddenküste die längste Küste aller deutschen Bundesländer. Sie ist zugleich das seenreichste Bundesland. Flächendeckend findet man Teiche und Sölle, die Augen der Landschaft, die voller Leben sind.
Für viele Vögel und Wildtiere sind sie magische Anziehungspunkte. Auch findet man hier Frösche, Lurche und unzählige Insekten-, Falter- und Libellenarten.
Zwischen Elbe im Westen und Oder im Osten winden sich Bäche und Flüsse durchs Land, deren Wasserqualität sich in den letzten 20 Jahren deutlich verbessert hat. In ihnen finden unter anderem Biber und Fischotter, Schwarzstorch und Eisvogel Nahrung.

Ist der Frühling erwacht, lassen sich faszinierende Naturschauspiele erleben. Dazu gehören zum Beispiel das Konzert der blauen Moorfrösche und der Tanz der Prachtlibellen.

Sorgenkind Meister Lampe & Co.

Wald&Wild

Stiftung Wald und Wild in M/V

Informationsblatt der Stiftung Wald und Wild in Mecklenburg-Vorpommern – Nr. 14 – 06/2017

Erkenntnisse aus dem Symposium zur Förderung des Niederwildes in Mecklenburg-Vorpommern am 22. Februar 2017 in Linstow.

Das Niederwild in Not

Akiver Naturschutz – Wie wir retten statt zu reden

Vorwort

Am Ende der 30er Jahre begleitete ich meinen Vater zu einer Hasenjagd im Pachtrevier Gut Spantekow, Kreis Anklam. In einem Kesseltreiben wurden über einhundert Hasen gestreckt. Im gleichen Zeitraum nahm mein Vater mich zu einer Rebhuhnjagd in Stixe bei Neuhaus an der Elbe mit: Drei erfahrene Jäger zusammen mit zwei Berufsjägern und drei erstklassigen Vorstehhunden. Sie schossen in kurzer Zeit über fünfzig Rebhühner. In meinem späteren Wohnort Braak vor Hamburg fand die letzte Treibjagd im Herbst 1978 vor dem strengen Winter statt. Wir schossen über einhundert Hasen, Rebhühner, Fasane und Kaninchen. Diese Beispiele zeigen uns, was wir in den vergangenen Jahrzehnten verloren haben.

Als ich mich dem Hochwild in meinem Pachtrevier in Österreich zuwendete, galt meine Liebe aber auch Auerhahn und Birkhahn. Im Laufe der Jahre habe ich den Abschuss verboten, weil beide Wildarten rückläufig waren. Dann begann meine Zeit in Mecklenburg Vorpommern und wir haben zusammen mit dem Landesjagdverband und unter Mitwirkung des Landwirts Hans-Heinrich Rave das Rebhuhn-Projekt südlich der Lewitz begründet, was seit mehreren Jahren durchaus erfolgreich läuft.

Das von Herrn Dr. Peter Röhe initiierte Niederwild-Fachkolloquium in Linstow am 22. Februar 2017 hat eine großartige Resonanz gefunden und die Liebe für das Niederwild erneut geweckt. Die Jagdgegner sind eingeladen, sich mit unseren außerjagdlichen Schutzmaßnahmen für die Fauna zu beschäftigen, wobei natürlich zu einer erfolgreichen Niederwildjagd, die wir wieder anstreben, auch ein Prädatoren-Management gehört. So spreche ich meinen herzlichen Dank an Herrn Minister Dr. Till Backhaus, Herrn Dr. Peter Röhe und alle Mithelfer aus und wünsche den Lesern dieses Info-Blattes eine nachdenkliche aber auch konstruktive Zeit.

Claus R. Agte
Stiftungsgründer d. Stiftung Wald und Wild in MV

Die Referenten

Situation des Niederwildes in Deutschland
Dr. Hans-Heinrich Jordan, DJV

Landwirtschaft und Artenschutz – ein Wiederspruch?
Werner Kuhn, Netzwerk Lebensraum Feldflur

Landchaftspflegeverbände als Ansprechpartner zur Biotopverbesserung
Harald Menning, Landesforst MV

Niederwildhege aus der Sicht eines Praktikers
Hans-Heinrich Rave, Landwirt

Niederwildhege und Instrumente der Agrarförderung
Ministerium für Landwirtschaft und Umwelt Mecklenburg-Vorpommern

Prädationsmanagement als Maßnahme zur Niederwildförderung
Dr. Norman Stier, TU Dresden

Rebhuhnprojekt Lewitzrand –ein Beispiel der Niederwildhege
Rainer Pirzkall, LJV MV

Niederwildprojekt des Jagdverbandes Rügen e.V.
Chris-Ole Ott, Jagdverband Rügen e.V.

Wer den Hasen nicht ehrt, ist die Sau nicht wert.

Die Stiftung Wald und Wild in MV förderte 2017 ein Niederwildsymposium, dessen Zusammenfassung in einem Infoblatt der Stiftung, das in einer Auflage von 12.000 Exemplaren erschien, den Landwirten Jägern und Naturschützern als Leitfaden zur Rettung des Niederwildes gilt.

Niederwild in

Not!

In Mecklenburg-Vorpommern leben im Durchnitt fünf Hasen auf 100 ha, 11 sind es im Durchschnitt in Deutschland. Gründe für diesen geringen Besatz sind fehlende Deckung durch größflächige Agrarwirtschaft in der DDR-Zeit aber auch der steigende Druck durch Prädatoren und Greifvögel.

Ca. 1000 Hasen kommen in MV pro Jahr zur Strecke – fast alle durch den Straßenverkehr.

Wie **retten** wir das Niederwild?

»

§1 Abs. 1: Mit dem Jagdrecht ist die Pflicht zur Hege verbunden.
§ 1 Abs. 2: …die Erhaltung eines den landschaftlichen und landeskulturellen Verhältnissen angepassten artenreichen und gesunden Wildbestandes sowie die Pflege und Sicherung seiner Lebensgrundlagen; …

Bundesjagdgesetz

Prädatorenbestände so hoch wie nie + + + Bodenbrüter in akuter Not + + + Neozoen wie Waschbär, Marderhund und Mink verbreiten sich rasant + + + Rebhuhn fast flächendeckend verschwunden + + + + + + heimische Arten verdrängt + + + Kaninchen nur noch auf 3% der Fläche + + + Jägerschaft gefordert

Es geht nur gemeinsam!

> *Wenn das Rebhuhn wählen könnte, dann würde es für die Fuchsjagd stimmen.*
>
> DJV Berlin

Jäger + Naturschutzverbände + Landwirt + Politik

Jäger - Prädatoren bejagen, Fallenjagd aktivieren, Biotope gestalten, Strukturelemente schaffen
Landwirt - Blühstreifen anlegen, Zwischenfrüchte anbauen, Herbizidregulierung, Jäger unterstützen
Politik - Naturschutzwille fördern, Rahmenbedingungen schaffen, Verantwortlichkeit vor Ort zulassen

Lebensraum Feldflur

Die Feldlerche ist selten geworden und der Kiebitz fast verschwunden. Den Feldhamster kennt kaum noch jemand. Geblieben sind Hase, Fuchs und Reh.

Zum „Feldtier" wurden Wildschwein, Dam- und Rotwild, denn Nahrung gibt's hier im Überfluss. Getreide und Hackfrüchte decken den Tisch und bieten Schutz bis zur Ernte.

Grasmücke

Neuntöter

Problem Prädator

Prädation ist völlig normal und muss sogar sein. Wenn sie jedoch die Erhaltung einer Art bedroht, müssen wir eingreifen.
Dr. Norman Stier/TU Dresden

Nachdem vor über zwanzig Jahren der Marderhund einwanderte, folgte ihm kurz darauf der Waschbär. Jetzt ist der Wolf da. Sie alle bedienen sich am Niederwild wie z.B. Hase, Fasan, Rebhuhn und den Bodenbrütern. Unsere Verantwortung als Jäger wie Nichtjäger besteht in der Erhaltung der Artenvielfalt. Dazu gehören auch und gerade die Arten, die hier zu Hause sind.

Er ist der Gesundheitspolizist in Feld und Wald und ernährt sich vorwiegend von Mäusen. Zu viele Füchse im Revier sorgen jedoch für den Rückgang anderer Arten, wie z.B. bodenbrütender Vögel.

Auch der Dachs hat keinen natürlichen Feind. Seine Bestandsregulierung ist nötig.

Natürliche Prädation

Was ist denn das?

Fressen und gefressen werden.

Prädation ist das Normalste der Welt. Jedes Tier – fast jedes – ist Teil einer Nahrungskette. Täglich passiert es tausendfach in der Natur – ein Tier frisst ein anderes. Normal. So war es schon immer. Und auch wir Menschen sind ein Teil dieser Nahrungskette. Glücklicherweise – für uns – stehen wir an derem Ende und nicht der Wolf. In der Kenntnis dieser Zusammenhänge sollten wir so wenig wie möglich eingreifen. Wenn jedoch Arten drohen auszusterben, weil der Druck der

Beutegreifer zu groß wird, dann müssen wir helfen. Rebhuhn, Fasan, Hase, Kaninchen, die Bodenbrüter wie Kiebitz, Wachtel, Lerche sind selten geworden. Greifvögel, Raben, Elstern, die einmischen Prädatoren wie Dachs und Fuchs und die neu eingewanderten Arten wie Mink, Marderhund und Waschbär aber auch die streunenden Hauskatzen dezimieren deren Bestände. Da hilft auch kein „unter Schutz stellen" mehr. Da hilft nur den Prädatorendruck zu mindern.

Lebensraum Wald

Mecklenburg-Vorpommern ist mit einer Fläche von 2,3 Mio. ha das sechstgrößte Bundesland. Rund 30 % dieser Fläche ist bewaldet. Während in Deutschland im Durchschnitt auf jeden Bürger 0,14 ha Wald entfallen, hat der Bürger in unserem Bundesland mit 0,35 ha das 2,5-fache zur Verfügung.

40 % des Waldes ist Landeseigentum, fast 40 % sind in privater Hand, gefolgt von 10 % Kommunalwald.

Der Wald bedarf unseres besonderen Schutzes. Er ist nicht nur Lebensraum vieler Tier- und Pflanzenarten, er ist zudem wichtiger Wasserspeicher und Klimaregulator. Seine nachwachsenden Rohstoffe werden nachhaltig genutzt.

König der Wälder – flächendeckend zu Hause

Tagaktives Rotwild auf waldnahen Äsungsflächen ist nur dann zu beobachten, wenn hier die Jagd auf diese Wildart im Frühsommer unterbleibt. Dann ist auch der Wildschaden gering.

Prof. Dr. Dr. Sven Herzog/TU Dresden

Alte Hirsche sind nicht wichtig für die Wand. Sie sind wichtig für den Bestand!

Kulturfolger Rehwild

Das Rehwild in Mecklenburg-Vorpommern ist in jedem Revier zu finden und hat neben dem Schwarzwild mit ca. 60.000 erlegten Stücken den höchsten Streckenanteil. Die Bewirtschaftung erfolgt über 3-Jahres-Abschusspläne. Ein großer Feind des Rehwildes ist der Straßenverkehr, denn an 80% aller Wildunfälle ist Rehwild beteiligt. Viele Kitze fallen im Frühjahr dem Mähtod zum Opfer, deshalb: Landwirte und Jäger – arbeitet bei der Frühjahrsmahd Hand in Hand

Sauen satt

Die Schwarzwildbestände in MV sind, so wie auch auch die Bestände der anderen Schalenwildarten, so hoch wie nie. Ausbleibende bestandsregulierende Winter, gute Mastjahre und große landwirtschaftliche Flächen, die Deckung und Äsung im Überfluss bieten, fördern diese Populationen. Angepasste Wildbestände sind eine Herausforderung für die Jagd

Seit Jahren steigen die Strecken bei den Schalenwildarten, Spitzenreiter ist das Schwarzwild. Im Jagdjahr 2016/17 wird es wieder eine Rekordstrecke geben.

Sind die Jäger *machtlos?*

Ja,

... wenn durch die Jagd die Bestandsstrukturen zerstört werden, wenn Leitbachen vor der Rotte geschossen und mittelalte Keiler erlegt werden, wenn Jagdneid eine effektive Schwarzwildbejagung verhindert.

Nein,

... wenn die Jagd auf die Hauptzuwachsträger, die Frischlings- und Überläuferbachen konzentriert wird, wenn man erfahrene Leitbachen und mittelalte Keiler schont und wenn revierübergreifende und effektive Jagden organisiert werden, ... und wenn es die Jagdpolitik zulässt, dann zu jagen, wenn man Strecke machen kann.

Ein artgerechter Bestandsaufbau ist durch einen hinreichenden Anteil alter männlicher aber auch weiblicher Stücke gekennzeichnet. Erstere gewährleisten meist ein artgemäßes Reproduktionssystem, letztere sind durch ihre Erfahrung ein stabilisierender Faktor in den Sozialverbänden. Prof. Dr. Dr. Sven Herzog
TU Dresden/Institut Wildbiologie Göttingen

Was denken Sauen?

Wissenschaftliche Studien zur Raum- und Habitatnutzung des Schwarzwildes durch die TU Dresden (N. Stier u. O. Keuling) ergaben:

- Sauen sind standorttreu
- Sauen sind intelligent und lernfähig und ... **sie beobachten uns!**

Fazit:

- **revierübergreifend jagen**
- **Altersstruktur erhalten**
- **Bejagungsstrategien ändern**
- **Intervalljagd statt Dauerstress**

Wie soll der Jäger hier entscheiden?

„

Zur Minimierung des Wildschadensgeschehens und des Tierseuchenrisikos ist eine Intensivierung und Anpassung des Bejagungsmanagements nötig, das jedoch jagdethisch- und tierschutzkonform, effektiv und trotzdem so störungsarm wie möglich erfolgen muss.

Dr. Norman Stier/TU Dresden

Wildschadensausgleichkasse

Wo gibt's denn sowas?

Nur in Mecklenburg-Vorpommern,

Nach dem Bundesjagdgesetz muss für Wildschäden die Jagdgenossenschaft zahlen – im MV jedoch ist alles etwas anders. Hier wurde die Wildschadensausgleichkasse installiert. Mit ihr wurde 1992 im § 27 des Landesjagdgesetzes die Möglichkeit geschaffen, den Ersatz von auftretenden Wildschäden von Schwarz-, Rot- bzw. Damwild auf eine Mehrzahl an Beteiligten zu verteilen. So sind neben den ursächlichen Wildschadensersatzpflichtigen, den Jagdgenossen und Jagd-

ein Segen für die Erhaltung der bodenständigen Jagd!

pächtern, hier auch die Landwirte im Haupterwerb Mitglied. Somit war die Bildung der Wildschadensausgleichkasse in MV ein wichtiger Aspekt, um die bodenständige Jagd zu erhalten. Die Jagdpächter zahlen jährlich einen Grundbeitrag ein und können im Wildschadensfall bis zu 90 % der aufgetretenen Schadenssumme ersetzt bekommen. Ein gutes Miteinander von Jäger und Landwirt ist jedoch die beste Schadensregulierung.

Jäger und Landwirte

Beide sitzen im selben Boot

Die Mahd von Grünland oder Energiepflanzen wie Grünroggen steht an. Der Termin fällt zusammen mit der Brut- und Setzzeit vieler Wildtiere, die in Wiesen und Grünroggen ihren Nachwuchs sicher wähnen. Doch „Ducken und Tarnen" schützt zwar vor dem Fuchs, nicht aber vor dem Kreiselmäher. Landesbauern- und -jagdverband empfehlen den Landwirten, den Mähtermin mindestens 24 Stunden vorher mit dem Jagdpächter abzusprechen.

Zusammenarbeit am Beispiel der Kitzrettung

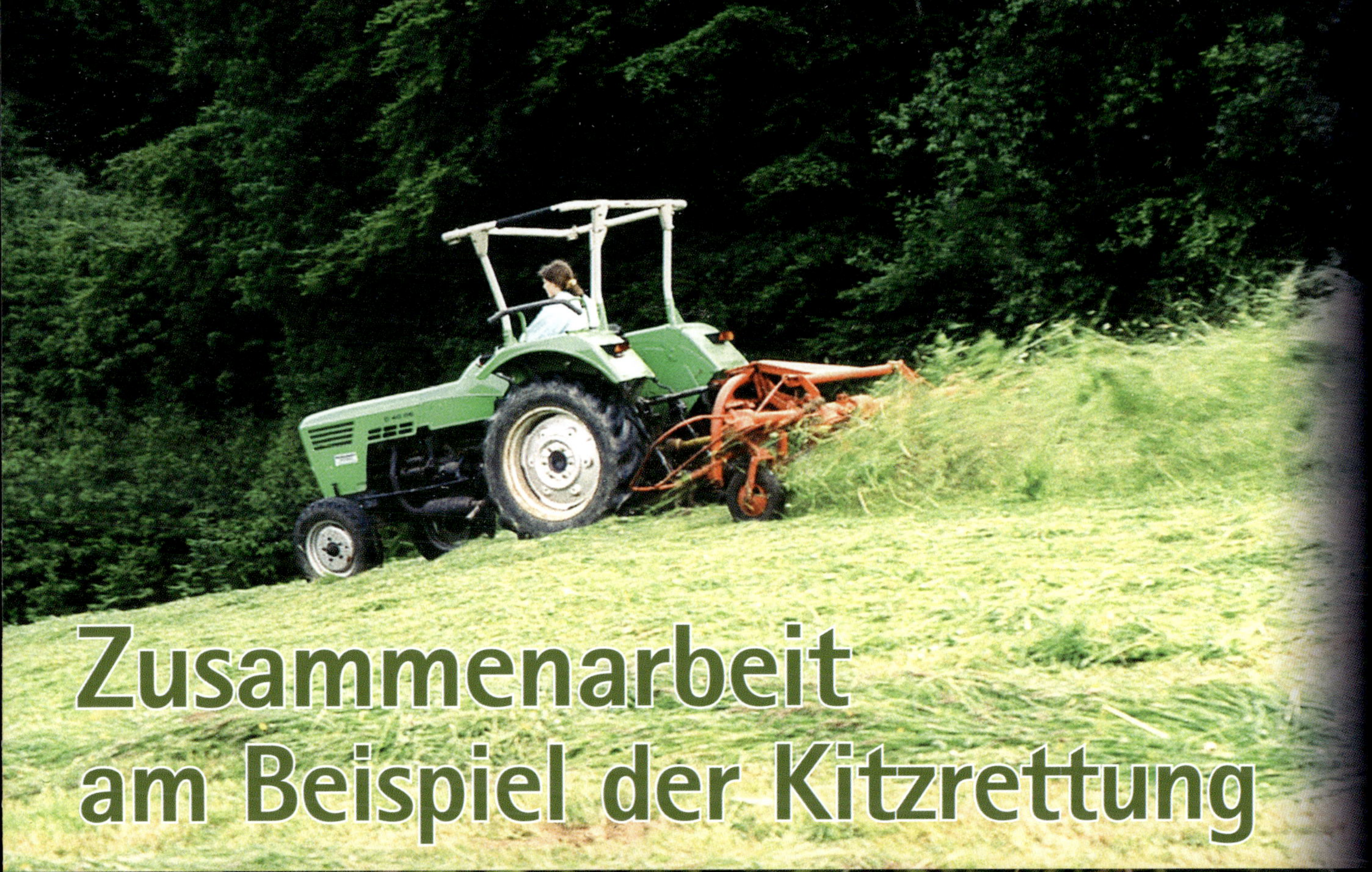

Die Verbände empfehlen vor allem, das Feld mit dem Grünlandschnitt grundsätzlich von innen nach außen zu mähen. So haben Rehkitze, Feldhasen oder Fasane während der Mahd die Möglichkeit zur Flucht.

Das Absuchen der Wiesen mit Jagdhunden, der Einsatz von Wildrettern oder die Vergrämung (Vertreibung) helfen, Wildtierverluste zu vermeiden. Derartige Maßnahmen sind wichtig, um tierschutzrechtlichen Verpflichtungen nachzukommen. (DJV)

Gerettet – in letzter Minute

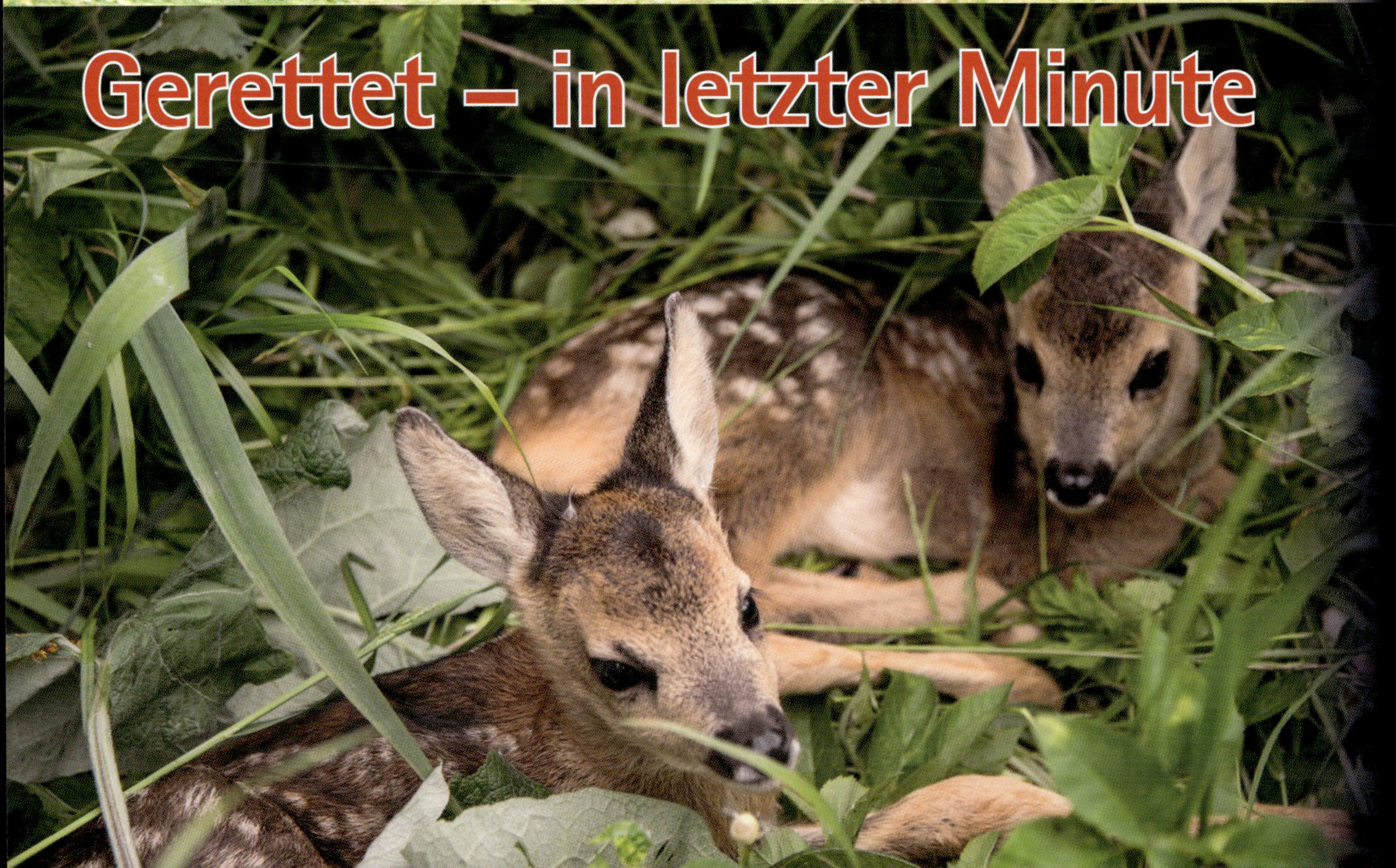

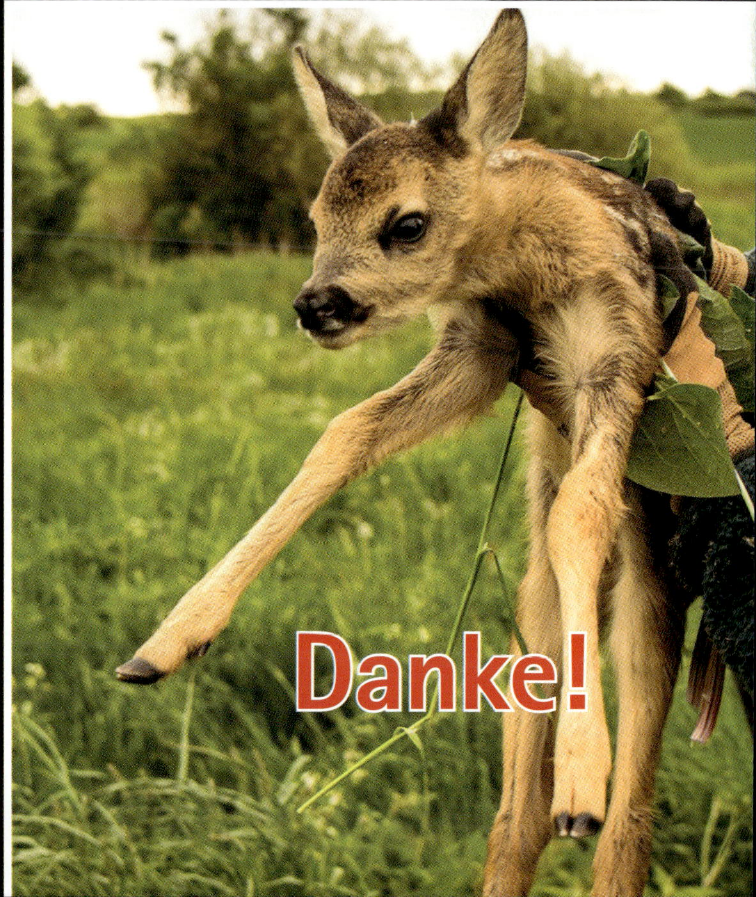

Muffelwild – seine Tage sind gezählt

Das Muffelwild ist sehr scheu und man bekommt es selten zu Gesicht. In Mecklenburg-Vorpommern sind die Mufflons nur in wenigen Gebieten anzutreffen. Jährlich werden ca. 250 Muffel erlegt. Die Wildschafe sind eigentlich die Vorfahren unserer Hausschafe und in gebirgiger Landschaft in Ost- und Südost-Europa sowie im Mittelmeerraum beheimatet.

Zu Beginn des 19. Jahrhunderts wurden sie an mehreren Stellen in Deutschland eingebürgert. Für den neu eingewanderten Wolf ist das Mufflon eine leichte Beute. In einigen Regionen der Lausitz wurden die dortigen Muffelwild-Populationen innerhalb kürzester Zeit eliminiert. So wird diese Wildart hierzulande aus der Natur verschwinden.

Aus grauer Vorzeit – und wieder aktuell

Wolfserwartungsland MV *Was erwartet uns . . .*

Wolfsdiskussionen

Für & Wider

...und ihn.

Seit 2006 gibt es wieder wildlebende Wölfe in Mecklenburg-Vorpommern. Umweltminister Till Backhaus erklärte 2016 das Bundesland, bis auf die Inseln, zum Wolfsgebiet. Die Bestände steigen sehr dynamisch und längst ist der Grauhund nicht mehr nur auf den großflächigen Truppenübungsplätzen zu Hause.
Im Konsens aller Interessenverbände wird derzeit ein Wolfsmanagementplan entwickelt – denn nur ein regionaler Schutzstatus wird überregionale Akzeptanz bewirken.

Wild ist Biodiversitätsstifter

Wissenschaftliche Untersuchungen zum Einfluss der wildlebenden Schalentieren auf die Natur beweisen: *„Das Optimum ist die Vielfalt! Niedrige, mittlere und hohe Wilddichten in der Landschaft fördern den Artenreichtum durch Schaffung differenzierter Lebensräume."* Dr. Aiko Huckauf/Uni Kiel

Gamander-Ehrenpreis und Rothirsch *Foto: W. Rolfes*

Geflecktes Knabenkraut *Foto: M. Paasch*

„In einem Wald ohne Wild sinkt die Artenvielfalt von Pflanzen und Kleintieren, denn durch Brechen, Scharren und Suhlen sowie an den Wildwechseln finden Pflanzen und Kleinlebewesen ideale Lebensräume."

Dipl.-Geogr. Jörg Krütgen/
Christian Albrecht Universität Kiel

Deshalb:

Wald und Wild gehören zusammen!

Intakte Bestandsstrukturen

Die größte einheimische Schalenwildart ist das Rotwild, das nahezu flächendeckend in Mecklenburg-Vorpommern vorkommt. Die Bestandsstruktur jedoch stimmt vielerorts nicht mehr. Werden zu viele junge und mittelalte Hirsche dem Bestand entnommen, fehlen die alten, die für einen ungestörten natürlichen Brunftablauf notwendig sind. Deshalb die Forderung: Gute Hirsche der Altersklassen II und die Hirsche der Altersklasse III sind unbedingt zu schonen!

Ein Wildtier-Paradies

Grenzen an den Einstand Äsungsflächen, die nicht bejagt werden, ist das Wild tagaktiv und macht auch keinen Schaden im Wald. Dass dies möglich ist, zeigt ein Revier in Westmecklenburg, wo diese Aufnahmen entstanden. Bis auf einzelne Ausnahmen bei der Jagd auf Erntehirsche und -schaufler wird an nur einem Tag des Jahres der Abschussplan erfüllt. Schon am nächsten Tag steht das Wild wieder auf den Äsungsflächen. Ein sprichwörtliches „Wildtier-Paradies" zum Anfassen.

Trophäenkult?

Was ist für den Jäger eigentlich eine Trophäe?

Es kann eine Feder sein, ein Haarbüschel der Decke, ein Zahn, die ganze Decke oder Schwarte oder Balg, je nach Tierart. Bei den Cerviden, den Geweihträgern, ist es unter anderem dieser prachtvolle knöcherne Kopfschmuck. Mit der würdigen Präsentation des Geweihs hält der Jäger die Erinnerung an das Jagderlebnis wach und ehrt das Tier, das sonst längst gegessen und vergessen wär.

Die Trophäe allein ist nicht das Ziel der Jagd, sonst würden die geweihlosen weiblichen Stücke nicht bejagt. Will der Jäger eine starke Trophäe, dann muss er über 12 Jahre hegen, muss dafür sogen, dass es den Tieren im Wald gut geht. Sonst würde dieser prachtvolle Kopfschmuck nicht wachsen. Wenn er dann den alten Hirsch erbeutet, dann soll sein Lohn Erlebnis, Wildbret und Trophäe sein.

Tierleid minimieren ...

Nicht selten werden weggeworfener Draht und anderer Unrat zur tödlichen Falle!

unser aller Verantwortung!

Wildunfall – Horror für Tier und Mensch

Blaue Barken an den Leitpfosten warnen durch Lichtreflexion

Die neue Tierfund-App des DJV

- Jäger bescheinigen Ihnen einen Wildunfall
- Jäger sorgen durch Bestandsregulierung an Straßen für Senkung des Wildunfallrisikos
- Jäger entsorgen Unfallwild kostenfrei

Damwild-Eldorado

...für weiß, braun, schwarz.

Das Damwild liebt eine offene, strukturierte Landschaft mit Wald-, Wiesen- und Feldanteilen – und die findet es in Mecklenburg-Vorpommern fast flächendeckend. Die Bewirtschaftung liegt in der Hand von Hegegemeinschaften, die die Bestände revierübergreifend und nachhaltig bewirtschaften. Um Wildschäden zu minimieren, müssen teilweise regional überhöhte Bestände abgebaut werden. In Regionen, in denen ein für die Land- und Forstwirtschaft verträglicher Bestand

existiert, senken Maßnahmen wie Jagdruhe im Frühjahr, insbesondere auf waldangrenzenden Äsungsflächen, sowie gut organsierte, revierübergreifende Jagden im Herbst die Wildschäden. In jagdarmen Zeiten trifft man hier schon mal Damwild und Schwarzwild gemeinsam an.

Blaue Stunde – Stille genießen

Das Damwild ist in vielen Revieren des Landes anzutreffen. Es liebt abwechslungsreiche Biotope mit Wald-, Wiesen- und Feldanteilen. Jährlich kommen in Mecklenburg-Vorpommern ca. 12.000 Stück Damwild zur Strecke. Das Wildbret dieser Wildart ist sehr zart und schmeckt nicht so stark nach Wild, ist also ideal für „Wildbret-Einsteiger".

Wasserwelten – magische Anziehungspunkte

Wasser – Lebensadern der Landschaft

Otter-Paradies in Mecklenburg-Vorpommern

Lutra lutra, der Fischotter, gehört zu den Mardern und wird auch Wassermarder genannt.
Die höchste Anzahl an Fischottern gibt es in Mecklenburg-Vorpommern und Brandenburg, nach Westen hin nimmt ihre Zahl stark ab.
Innerhalb unseres Bundeslandes ist im Bereich der Warnow und Peene sowie der Region um die Mecklenburgische Seenplatte die höchste Populationsdichte zu verzeichnen.
Während der Wassermarder früher aufgrund seines sehr dichten Pelzes bejagt wurde, genießt er heute ganzjährig Schutz.
Dass der Fischotter sich ausschließlich von Fischen ernährt, ist ein Trugschluss, als Generalist nutzt er das gesamte Nahrungsspektrum seines Biotops.
Europaweit nimmt die Zahl der Fischotter ab. Gründe dafür sind der Tod infolge des Straßenverkehrs, das Verenden in Fischreusen, technische Gewässerausbauten wie Staue, Wehre und Uferbefestigungen, ein erhöhtes Störungspotential durch die touristische Nutzung von Gewässern oder auch die Entwässerung von Feuchtgebieten.
Die Beeinträchtigung, Zerschneidung und Zerstörung von noch großräumig naturnahen und miteinander vernetzten Landschaftsteilen sowie der Einfluss von Umweltschadstoffen sind die Hauptgründe für den europaweiten Rückgang.

Biber – die Geister, die ich rief …

Die Verbreitung des Bibers hatte zum Ende des Krieges in Deutschland seinen Tiefpunkt erreicht, er war hier nahezu ausgerottet.

Dank umfangreicher Schutzmaßnahmen konnte sich sein Bestand prächtig entwickeln. Heute ist sein Erhaltungszustand in Deutschland trotz regionaler Unterschiede gesichert.

Durch seine Lebensweise, insbesondere das Anstauen von Bächen und Flüssen, schafft er neue Lebensräume für andere zum Teil bedrohte Arten wie Schwarzstorch oder Eisvogel und ist deshalb gerade in Schutzgebieten ein wichtiger Faktor zur Förderung der Artenvielfalt. Das begrüßen wir ausdrücklich.

Allerdings führt sein Vorkommen nicht selten zu Vernässungen der angrenzenden Territorien, wo nachhaltige Wald- und Landwirtschaft unmöglich werden. Hinzu kommt das massive Fällen hochwertiger Baumbestände.

Die Eigentümer wie private, forst- und landwirtschaftliche Unternehmen werden in ihrer freiheitlichen Wirtschaft massiv eingeschränkt und der Steuerzahler zahlt die Zeche.

Deshalb ist es notwendig, dass der Biber in Schutzgebieten und anderen Biotopen, in denen keine Schäden an privatem und gesellschaftlichem Eigentum entsteht, absoluten Schutz genießt. Im Umkehrschluss heißt dies jedoch auch, dass er dort, wo vermehrt Schäden auftreten, bejagt werden muss.

Wo Saphire fliegen können

Der Eisvogel ist ein Bioindikator. Er zeigt uns an, dass die Wasserqualität in Ordnung ist und dass sich wieder Fische darin tummeln, die er als Nahrung benötigt.

Die Qualität der Teiche, Seen und Fließgewässer hat sich nach der Wiedervereinigung Deutschlands im Osten wesentlich verbessert, so dass er nahezu flächendeckend heimisch ist.

Waldstorch – heimlicher Geselle

Akut bedroht!

Nur etwa 2 % der in Deutschland brütenden Schwarzstorch-Paare nisten in Mecklenburg-Vorpommern. Ihr Bestand ging in den letzten Jahren kontinuierlich zurück.
Wollen wir ihn halten, müssen wir uns um nahrungsreiche Fließgewässer mit naturnaher Gewässerunterhaltung kümmern, jede Störung vermeiden und aktiven Nestschutz umsetzen.
Nähere Hinweise gibt der Infoflyer der Stiftung Wald und Wild in MV.

Badender Schwarzstorch *Foto: C. Rohde*

Aufgrund der angespannten Bestandssituation unseres „Waldstorches" gab die Stiftung Wald und Wild in MV diesen Infoflyer für Waldbesitzer und -nutzer heraus.
Bezug siehe Impressum

Brütender Schwarzstorch *Foto: C. Rohde*

Küstenlandschaften …

ein Paradies für Wasservögel und Naturfotografen.

Mit lautem Trompeten …
er kennt es schon.

Rotwild im Urlaub, tagaktiv Dank Ruhezone

In störungsarmen Gebieten mit einer reichhaltigen und rohfaserreichen Winteräsung zeigt das Rotwild tagvertrautes Verhalten. Hinzu kommt, dass in diesen Gebieten das Rotwild für die Öffentlichkeit erlebbar wird. Dies ist ein wichtiger Aspekt in einer der am stärksten touristisch erschlossenen Gebiete Deutschlands. Sehr positiv ist die räumliche Nähe von äsungsreichen und deckungsreichen Vegetationstypen. Dem Faktor Ruhe kommt hier eine besondere Bedeutung zu.

Dr. Frank Tottewitz/Johann Heinrich v. Thünen Institut

Morgendliche Ruhe am Bodden

Manfred Rose / pixelio.de

Höchster Bestand
in Mecklenburg-Vorpommern

Der Kormoran steht, wie andere Vögel auch, unter Schutz. Sein Bestand war bis Ende der 70er Jahre auf einem sehr niedrigen Niveau. Der Schutzstatus sollte bis zu 4.000 Brutpaaren aufrecht erhalten werden. Inzwischen gibt es 10.000 Brutpaare mehr - der Schutz besteht weiterhin.

Die Fischer und Angler warnen vor einer durch den Kormoran verursachten Fischarmut und sehen sich in ihrer Existenz bedroht – zurecht. Denn ein Kormoran frisst täglich 500g Fisch – von Plötze bis Aal = ca. 20 t Fisch täglich!

Kraftvolle Eleganz

Ein letzter Schrei,
hastig schlagen seine Flügel,
doch es gibt kein Entkommen.

Nachdem mehrfach bei verendeten Seeadlern eine erhöhte Bleikonzentration festgestellt wurde, sowie aus Gründen der Lebensmittelsicherheit, verordnete Minister Backhaus ab 1.4.2014 die bleifreie Jagd auf allen Landesflächen. Die Forderung der Jägerschaft an die Industrie besteht in der Bereitstellung bleiminimierter Munition mit ausreichender Tötungswirkung und abschließender positiver Untersuchungen zum Abprallverhalten.

Schreiadler

In der Welt zu Gast, im Nordosten zu Hause

Schreiadler gehören zu Mecklenburg-Vorpommern wie ursprüngliche Buchenwälder oder unpassierbare Erlenbrüche. Diese Landschaft gab ihm seinen Zweitnamen: Pommernadler! Den Winter verbringt der kleinste in Deutschland brütende Adler allerdings im südlichen Afrika.

Leider sind Schreiadler vom Aussterben bedroht. Mit dem Struk-

turwandel in unseren Landschaften ist auch der Brutbestand des Schreiadlers auf 110 Paare zurückgegangen – und mit ihm ein Stück regionaler Identität. Seit über 10 Jahren engagiert sich die Deutsche Wildtier Stiftung daher in Land- und Forstwirtschaft, Politik und Wissenschaft für den Schreiadler. Ihr Engagement stellt die Stiftung auf der Internetseite www.Schreiadler.org vor.

Musikalisches Naturschauspiel

Das bedeutendste Rastgebiet der Kraniche in Zentraleuropa ist die Bock-Rügen-Kirr-Region im Nationalpark Vorpommersche Boddenlandschaft. Hier werden in der Herbstzeit bis zu 50.000 Vögel gleichzeitig erwartet, wenn sie für ihren weiten Flug nach Süden Kraftreserven sammeln. Die abgeernteten Getreide- und Maisfelder bieten Futter im Überfluss.

Die idealste Zeit zum Beobachten der Kraniche ist das Frühjahr zwischen Mitte März bis Anfrag April sowie im Herbst von September bis Ende Oktober.

Weitere Möglichkeiten zur Kranichbeobachtung finden Sie im Müritz Nationalpark am Rederang-See bei Waren/Müritz, am Schaalsee in Westmecklenburg, in den Langhägener Seewiesen bei Parchim, im Naturpark Mecklenburgische Schweiz und im Peenetal.

Nandus – Exoten in Nordwest

Ursprünglich ist der Nandu in Südamerika beheimatet. Doch als um die Jahrtausendwende ein kleiner Trupp der straußenähnlichen Vögel aus einem privaten Gehege in Groß Gronau südlich von Lübeck entkam, entwickelte sich der Bestand rasant. Unsere klimatischen Verhältnisse sind also offensichtlich nandutauglich.

Die erste freilebende Nandu-Population in Europa zählt heute 220 Tiere (Frühjahrsbestand 2017). Leider versäumte es die Behörde damals, den Besitzer aufzufordern, seine ausgebüxten Laufvögel wieder einzufangen oder einfangen zu lassen, denn mittlerweile wird ihre Zahl für orstansässige Landwirte zum Problem – für die Fotografen sind sie ein beliebtes Motiv.

Graugans mit Jungen

In Mecklenburg-Vorpommern brüten jährlich ca. 3000 Grauganspaare, auch sind Kanadagänse und neuerdings Nilgänse hier heimisch. Alle anderen Gänsearten kommen bei uns nur auf der Durchreise vor.
Die Bejagung von Bläss,- Grau-, Kanada- und Saatgans erfolgt vom 1.11. bis 15.1. und bei der Graugans zusätzlich im August.
Während des Vogelzuges im Frühjahr streifen bis zu 6 Mio. Zugvögel unser Bundesland.

Nilgans

Gänse satt – zwischen Schutz und Schaden

Entenzeit –

… ist immer seltener!

Krickenten-Erpel

Reiherente

Sind die Entenküken geschlüpft, folgen sie der Ente sofort ins sichere Wasser.

In Mecklenburg-Vorpommern sind Stock-, Schnatter-, Löffel-, Tafel- und Reiherenten heimisch. Sie brüten vorwiegend in den Schilfgürteln der Teiche und Seen. Die Jahresstrecke ist leicht rückläufig, denn eingewanderte Prädatoren wie Waschbär, Marderhund und Mink machen sich zunehmend an den Gelegen der Wasservögel zu schaffen.

Reiher

von schneeweiß bis grau

Der Fisch- oder Graureiher ist landesweit an fast jedem Tümpel, Bach oder See anzutreffen.
Immer öfter gesellt sich der schneeweiße Silberreiher aus südlicheren Gefilden hinzu. Ihn kann man besonders gut in den flachen Teichen der Lewitz, im Bereich des Flusslaufs der Peene oder in der Müritzregion beobachten.
Den ersten Brutnachweis des Silberreihers in Mecklenburg-Vorpommern gab es 2012.

Jagd ist Hege und Ernte

Jagd ist in uns allen

Neben dem Sammeln ist die Ausübung der Jagd eine der ältesten Tätigkeiten des Menschen überhaupt, dem nur dadurch die Erhaltung seiner Spezies gelang.
Wissenschaftler und Evolotions-Anthropologen fanden heraus, dass sich erst durch die Jagd das heutige, hochentwickelte Gehirn des Menschen entwickeln konnte.
Beim Sammeln von Früchten musste man nicht denken und nicht kommunizieren, wohl aber bei der Jagd. Hier musste man plötzlich koordiniert und kooperativ handeln, Strategien entwickeln und in der Gruppe funktionieren, um so ein riesiges Mammut zu erbeuten.
Insofern stammen wir alle – ob wir das nun wollen oder nicht – von Jägern ab, auch die Vegetarier und Veganer.

Jagdstrecke

Auf das „Wie“ kommt es an!

Jagd
ist auch Erlebnis
und Gemeinschaft

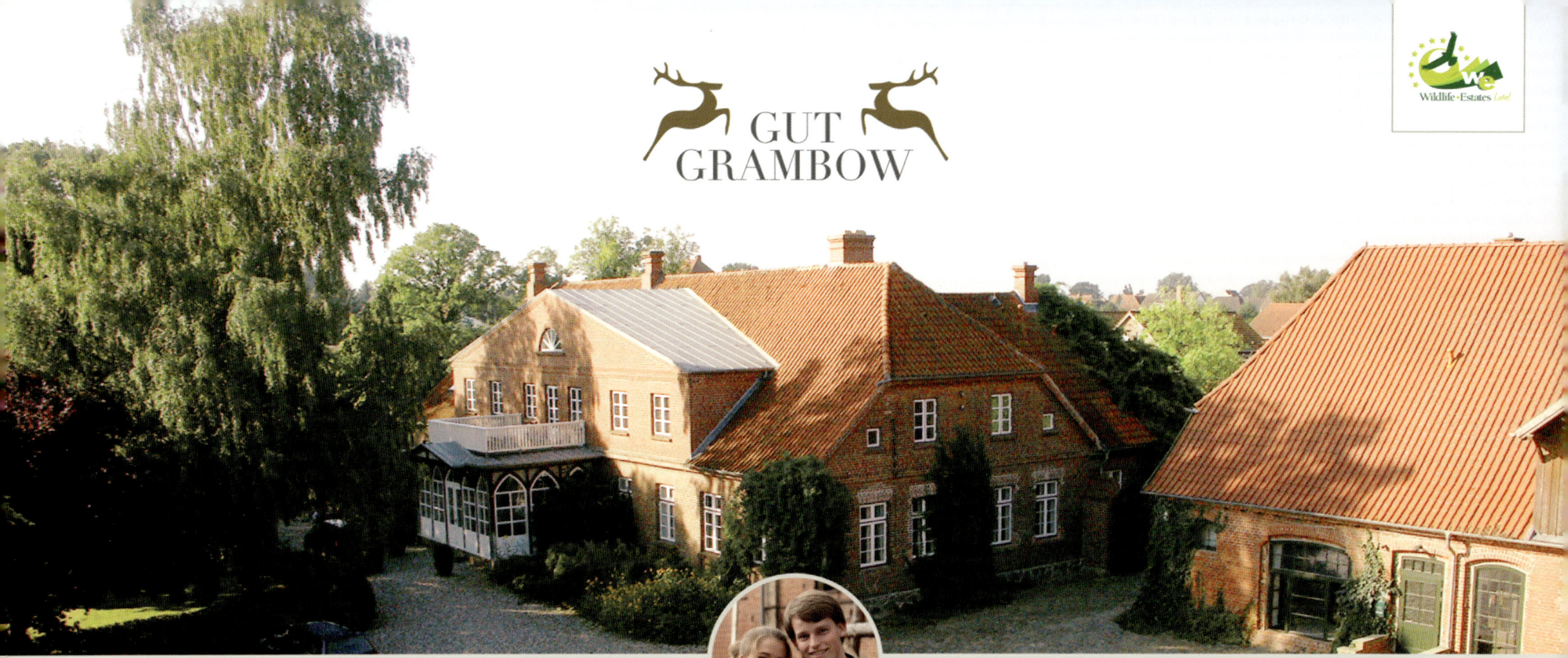

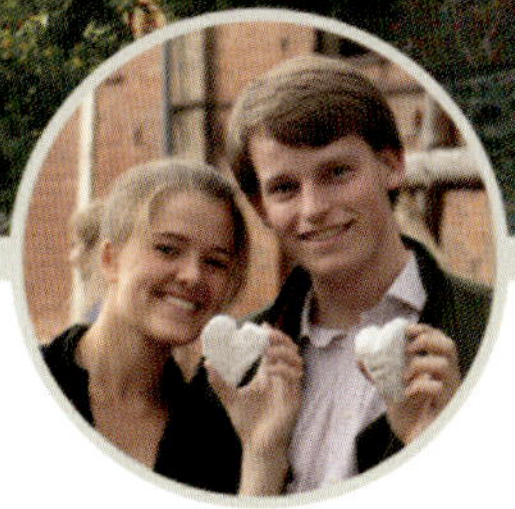

Unweit der Landeshauptstadt Schwerin, inmitten der ursprünglichen Natur des Grambower Moores, umgeben von grünen Wiesen, weiten Feldern und herrlichen Wäldern finden Sie ein Kleinod mecklenburgischer Gutsromantik – das Gut Grambow.

Jagdausrüster

Büchsenmacherei

Jagdschule

Schießzentrum

Event-Location

» Lernen, Schiessen, Shoppen und Genießen! «

So lautet zusammengefasst das Motto auf Gut Grambow. In einer wohl einzigartigen Symbiose vereinen sich hier nachhaltige Land und Forstwirtschaft, die renommierte Jagdschule, eines der modernsten Indoor-Schießzentren Deutschlands, der Fieldsports-Store mit über 350 m² Verkaufsfläche und das Wildspezialitätenrestaurant Schmiede 16 zu einer Event-Location der ganz besonderen Art.

Gut Grambow steht für Mecklenburg von seiner schönsten Seite. Für Spaß mit Freunden im Schießzentrum, für Ausflüge mit der Familie ins Grambower Moor oder das naturkundliche Museum, für Jäger und Naturliebhaber, für Genießer, die sich kulinarisch verwöhnen lassen möchten und nicht zuletzt für Tagungen & Incentives in stilvoll-ländlichem Ambiente.

Besonders angehenden Jungjägern sei Gut Grambow empfohlen. Die 1998 gegründete Jagdschule gehört seit Jahren konstant zu den beliebtesten Jagdschulen Deutschlands und zeichnet sich mit über 8000 erfolgreichen Absolventen und höchsten Erfolgsquoten aus. Neben den Kursen zum Jagdschein finden hier auch spannende Seminare für die ganze Familie statt.

Schießzentrum

In einem der modernsten Schießzentren Deutschlands erleben Sie mit scharfem Schuss realitätsnahe Jagdszenen aus heimischen und internationalen Revieren im 4k Cinema Format und Full HD.
Auf weiteren 2 Bahnen kann ganzjährig Indoor auf Distanzen von bis zu 100 m mit bis zu 10.000 Joule geschossen werden - ganz ohne Jagdschein!

Reservierung unter 0385 / 636 490 24 oder
www.gutgrambow-schiesszentrum.de

Jagdschule

Machen Sie Ihren Jagdschein auf Gut Grambow – der Adresse für Jagdausbildung in Deutschland!
Höchste Erfolgsquoten seit über 18 Jahren und mehr als 7000 erfolgreiche Absolventen sprechen für sich.
Auch die interessanten Fortbildungen und Seminare erfreuen sich großer Beliebtheit.

Reservierung unter 0385 / 66 66 422 oder
www.jagdschule-gutgrambow.de

Fieldsports Shop

Auf über 350qm erwartet Sie ein spannendes Shop-in-Shop System renommierter Marken wie Härkila, Seeland, Blaser, Laksen, Chevalier und vielen mehr.

Das Sortiment umfasst mit über eintausend Artikeln Nützliches und Schönes, was man fürs Jagen, Fischen und ein stilvolles Leben auf dem Land gut brauchen kann.

Shop: **www.gutgrambow-fieldsports.de**

Moormuseum

Im naturkundlichen Museum zum Grambower Moor erhalten Sie einen intensiven Eindruck von dem einmaligen Ökosystem, welches nur einen Steinwurf entfernt ist.

Hochwertige Dioramen und eine umfangreiche Exposition über die Bewohner des Moores geben einen eindrucksvollen Einblick in die hochspezialisierte Tier- und Pflanzenwelt des zweitgrößten Regenmoores in M-V.

Fieldsports Magazin

Der Name ist Programm: Jagen, Reiten, Fischen, Flintenschießen, Hunde... das ist das stilvolle Leben auf dem Land. Alle vier Monate nehmen wir Sie exklusiv mit in unsere Welt und bieten Unterhaltung, Gesprächsstoff und Nutzwert. Rezepte aus der Gutsküche, jagdliches Fachwissen, Reportagen und Interviews - einfach Wissenswertes zu all diesen Passionen.

Abos unter abo@fieldsports-magazin.de oder **www.fieldsports-magazin.de**

Schmiede 16

Lassen Sie sich auf einen genußvollen kulinarischen Reviergang durch die Wälder und Seen der Region entführen!

Das Hofrestaurant auf Gut Grambow empfiehlt sich nicht nur als erstklassige Eventlocation, sondern auch als eine der Adressen für Genießer im Raum Schwerin.

Reservierung unter 0385 / 640 109 83 oder **www.schmiede16.de**

Auf der Fährte

Schweißhundstation Schaalsee e.V.

Die einzige hauptberufliche Schweißhundstation Norddeutschlands absolviert rund 450 Nachsuchen auf Schalenwild pro Jahr. Sie wurde 1957 gegründet und ist damit die älteste Deutschlands.

Leiter der Station:
Chris Balke, Heideweg 3, 23883 Grambek
Tel. 0 45 42/850 830 7

www.nachsuchenprofis.de

Am Wundbett angekommen

Gut gemacht!

Fotos: Michael Stadtfeld

Das Jagdhundewesen im Landesjagdverband MV

Revierjägerin Anja Blank - verantwortlich für das Hundewesen beim LJV MV

2450 brauchbare Jagdhunde gibt es im Land Mecklenburg-Vorpommern. Davon sind 1106 Hunde brauchbar für die Nachsuche auf Niederwild, ausgenommen Rehwild, 1104 Hunde sind brauchbar für die Wasserjagd, 1482 Hunde für die Schweißarbeit, 313 Hunde für die Bauarbeit und 1734 Hunde sind brauchbar für die Stöberjagd.

Das heißt, jeder vierte Jäger in MV hat einen brauchbaren Jagdhund. Jährlich werden ca. 500 neue brauchbare Hunde anerkannt.

Viele fleißige Helfer im Land kümmern sich um die vierbeinigen Helfer. **Edda Thalis** als **Obfrau für das Jagdhundewesen im LJV** ist sehr aktiv und zudem die **Vorsitzende des Landesjagdhundeverbandes** und Ansprechpartner des LJV für den DJV und JGHV. Sie bearbeitet zudem mit Unterstützung von Elke Schlobinski aus der Geschäftsstelle die gesamten Anträge betr. der Hundeschutzwesten und Ortungstechnik, die aus der Jagdabgabe gefördert werden.

Frau **Heike Rudolph** bearbeitet ehrenamtlich als **Vorsitzende der Hundeselbsthilfekasse** alle Anträge betr. getöteter Hunde. Die Jägerservice GmbH mit **Jutta Brandt** und **Rainer Pirzkall** bearbeiteten die Schadensfälle im Rahmen der Haftpflichtversicherung einschließlich der Tierarztkostenversicherung.

Obmann für Rechts- und Satzungsfragen **Ralf Leist** und die Geschäftsführerin **Kati Ebel** bearbeiten die Bescheide, Widerspruchsbescheide und die Klagen in Sachen Hundewesen.

Im Bereich Schulung und Ausbildung ist Ehrenamtler **Sörn Puchmüller** als **Vorsitzender der Arbeitsgruppe Schulung und Ausbildung** sehr aktiv, während sich **Landesschießobmann Uwe de Lahr** aktiv im Schießwesen engagiert.

Deutsch Kurzhaar beim Vorstehen

Prüfungsfach Leinenführigkeit

Weimaraner bei der Wasserarbeit

Winterzeit ist Ruhezeit

Kahlwildrudel im Winter

Der Nahrungsmangel während der Wintermonate ist für Wildtiere kein großes Problem. Ihr Organismus hat sich an diese widrigen Umstände von Kälte und Nahrungsknappheit angepasst – er läuft nun auf Sparflamme.

Es sei denn, man stört jetzt das Wild. Dann verbraucht es mehr Energie und benötigt mehr Nahrung, und die ist nicht da.

Wer im Winter noch jagt,
muss sich über Wildschäden nicht wundern.

Wo Wild ist, sind Wildschäden! IRRTUM!

„

Die physiologische „Winterruhe“ des Rotwildes muss bei der Bewirtschaftung von Rotwildbeständen berücksichtigt werden.

Dr. Folko Balfanz/Forschungsinstitut Wien

„

Die Auswirkungen von Beunruhigungen in der Winterzeit dürften viel schwerwiegender sein, als bisher angenommen. Die Notwendigkeit der Ruhe in der Winterzeit erzwingt auch jagdliche Konsequenzen. Spätestens um Weihnachten sollte der notwendige Abschuss erledigt sein. Wer im Spätwinter noch jagt, erhöht den Energiebedarf des Wildes in bishrer ungeschätztem Ausmaß und muss sich über Schäden an der Waldvegetation nicht wundern.

Prof. Dr. Walter Arnold/Forschungsinstitut Wien

Wild auf Wild

Auf www.wild-auf-wild-de findet der Jäger vielfältige Tipps zur Vermarktung seines Wildbrets:

- **Vermarktungsmöglichkeiten**
- **Aktionsmittel zur Bewerbung**
- **Rezepte und Zubereitungstipps**

Rehkeule, geschmort

Rezepte unter: www.wild-auf-wild.de

Eine Aktion des DJV

Warum „Wild auf Wild"?

Wildfleisch aus der Region ist nachhaltig, frisch und obendrein ein gesundes Produkt der Jagd.
Wer Lust auf ein gutes, schmackhaftes Stück Wildbret hat, findet auf der Internetseite www.wild-auf-wild.de nicht nur den Anbieter, sondern auch viele leckere Rezepte zum Nachkochen.

Übrigens:
Wildbret ist auch etwas für den Grill.
Sprechen Sie Ihren Jäger vor Ort an.

Bare-naked stag, Essen wie in der Steinzeit

Wildschweinschulter, gegrillt

Wildbret im Focus

Eine Aktion des LJV

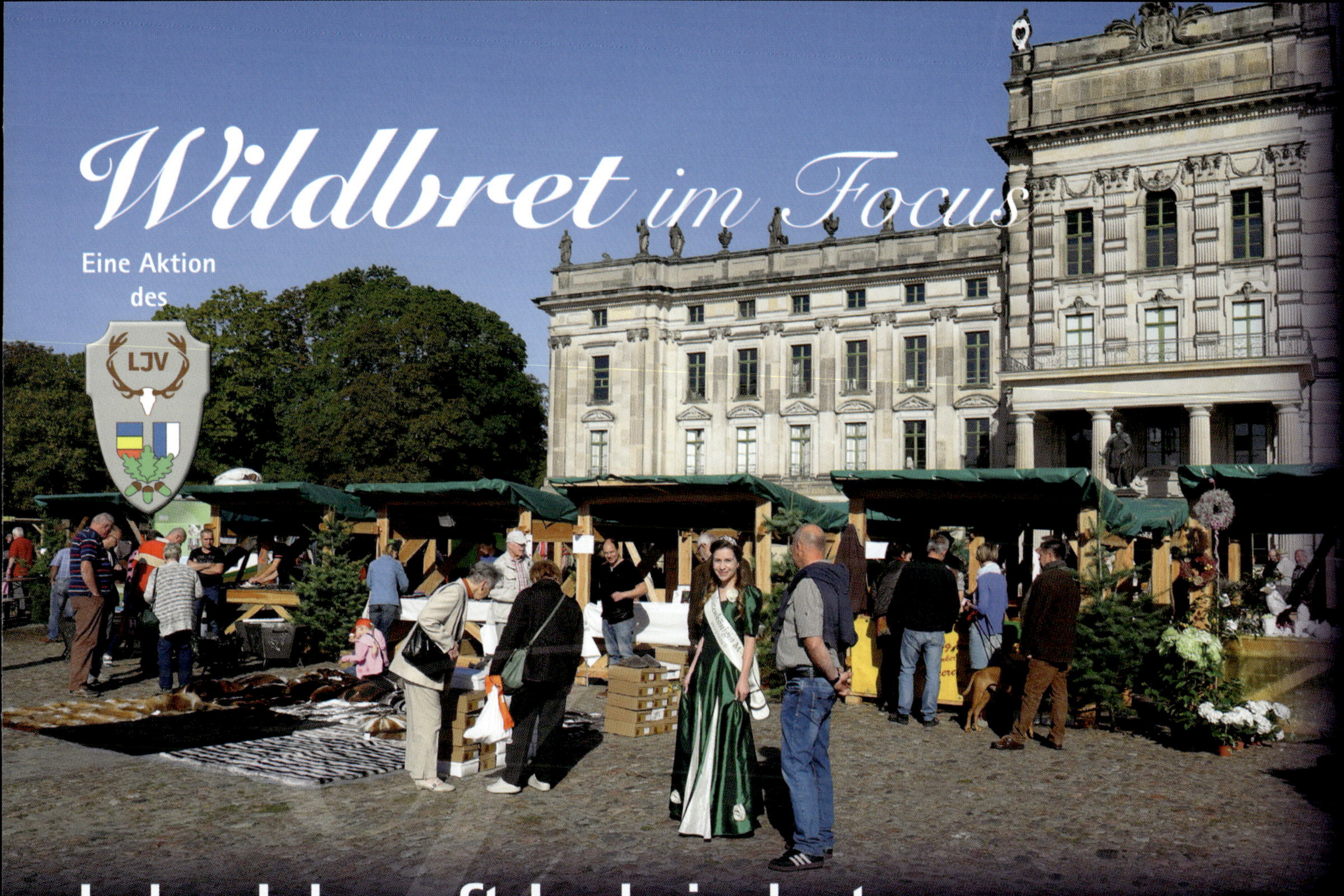

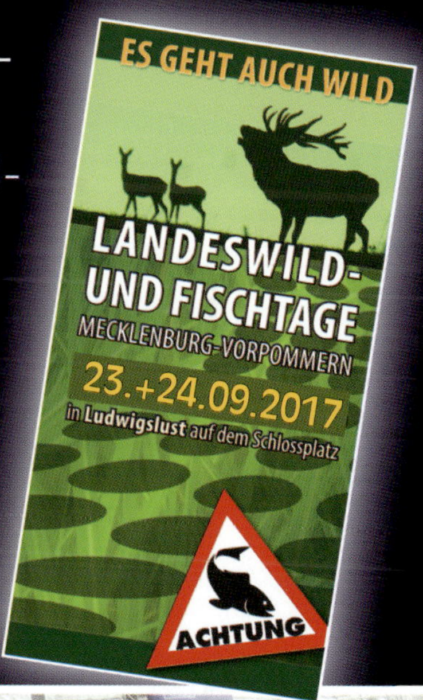

Jedes Jahr ruft Ludwigslust:

Landeswild- und Fischtage

Jedes Jahr Mitte September dreht sich auf dem Schlossplatz Ludwigslust alles um das Thema Wildbret und Fisch. Gemeinsam mit dem Landesfischereiverband organisiert der Landesjagdverband MV ein zweitägiges Event, das von Tausenden Gästen besucht wird. Eine bunte Händlermeile zu den Themen Jagd, Natur, Wildbret und Fisch lockt die Gäste aus nah und fern.

ES GEHT AUCH WILD
LANDESWILD- UND FISCHTAGE
MECKLENBURG-VORPOMMERN
23.+24.09.2017
in Ludwigslust auf dem Schlossplatz
ACHTUNG

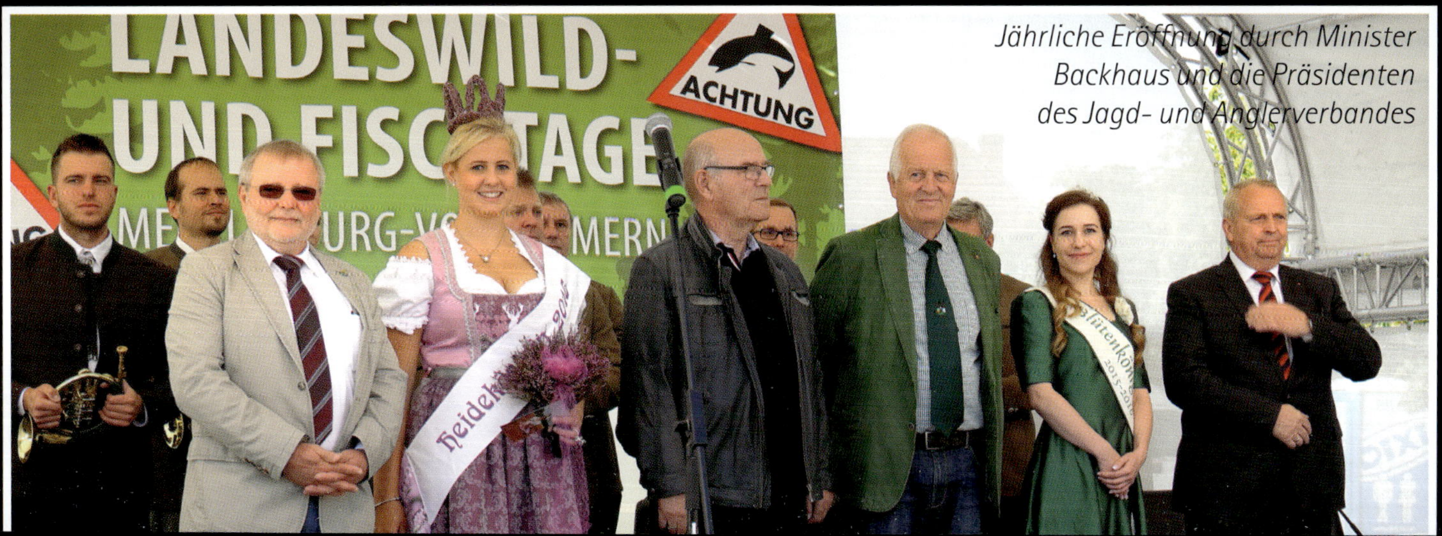

Jährliche Eröffnung durch Minister Backhaus und die Präsidenten des Jagd- und Anglerverbandes

Wildbret und Wildprodukte aus hiesigen Wäldern

Besuchen Sie unseren

Hofladen

Das Forstamt Schildfeld liegt im Südwesten Mecklenburg-Vorpommerns. Auf dem historischen Gelände des Forsthofes entdecken Sie einen kleinen aber sehr hochwertig ausgestatteten Hofladen, der alle Wünsche an frischem oder tiefgekühltem Wildbret sowie exklusiven Wildprodukten erfüllt.

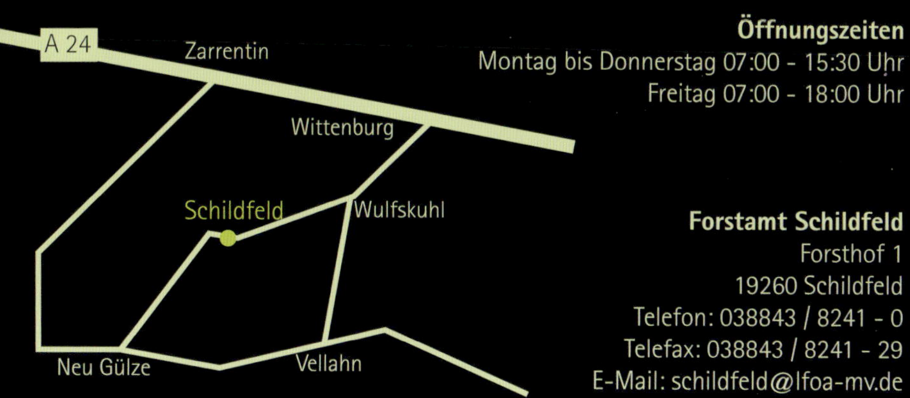

Öffnungszeiten
Montag bis Donnerstag 07:00 - 15:30 Uhr
Freitag 07:00 - 18:00 Uhr

Forstamt Schildfeld
Forsthof 1
19260 Schildfeld
Telefon: 038843 / 8241 - 0
Telefax: 038843 / 8241 - 29
E-Mail: schildfeld@lfoa-mv.de

Das Forstamt Schildfeld von der Schilde aus gesehen
Foto: Manfred Hartmann

Tag des Jagdhorns

Eine Aktion des LJV

Darstellung einer Fuchsjagd

Internationaler Bläserauftritt

Ein Tag des Jagdhorns findet alle 2 Jahre auf dem Landgestüt in Redefin statt. Etwa 4000 Besucher aus ganz Deutschland und Europa erlebten ein abwechslungsreiches Programm um die Jagd und das Jagdliche Brauchtum, sowie ein Jagdhornkonzert mit hochkarätiger Besetzung (Männerchor des Mecklenburgischen Staatstheaters und dem Deutschen Naturhorn Ensemble). Durch das Programm führten Norbert Bosse sowie Dr. Karl Heinz Betz. Diese Veranstaltung wurde mit 9000 € von der Stiftung Wald und Wild in M-V gefördert.

Michael Kuhn
Obmann für das Jagdliche Brauchtum/ Junge Jäger beim LJV MV

Hörnerklang unter den Buchen

Über 1000 Gäste besuchen seit 26 Jahren jeweils am 1. Mai in der Hagenower BEKOW das Jagdhornbläsertreffen. Unsere Bläsergruppen und Gastgruppen aus ganz Deutschland, Tschechien, Polen und Ungarn präsentieren den Tag über ein Programm für die Stadt Hagenow und Gäste aus nah und fern. Schirmherr dieser Veranstaltung ist unser Minister Dr. Till Backhaus.

Die Waldolympiade

Die Kinder sind das Kapital von morgen. Es ist das größte Glück, in lachende Kinderaugen zu sehen, wenn sie die Natur und deren Geheimnisse entdecken. Deshalb ist die Förderung der Waldolympiade eine großartige Investition.

Claus R. Agte
Gründer der Stiftung Wald und Wild in MV

Die Waldolympiade in Mecklenburg-Vorpommern, ein landesweiter Wettbewerb der Schüler

Die Waldolympiade findet jährlich abwechselnd in den Forstämtern des Landes Mecklenburg-Vorpommern statt. Sie richtet sich an die Klassen 4 der Regionalschulen. An verschiedenen Stationen können die Kinder ihr Wissen über den Wald und seine Bewohner testen, sich gemeinsam an Tätigkeiten echter Waldarbeiter üben und dabei mit anderen Schulklassen um den Tagessieg bzw. Titel des Landessiegers wetteifern. Dabei werden zielgerichtet umweltorientierte Bildungsinhalte mit Bewegung und motorischem Training verbunden. Die Kinder lernen nicht nur den Wald besser kennen, sondern verstehen, dass der Wald ebenso wichtige Lebensgrundlage des Menschen, Arbeitsort und Einnahmequelle ist.

Kinder lernen Natur!

Durch die Geschäftsstelle des Landesjagdverbandes MV werden jährlich ca. 1.200 Kinder in über 700 Stunden im Bereich Lernort Natur betreut. Dies geschieht zum größten Teil in den Schulen vor Ort aber auch direkt im Wald, auf unserem großen Naturlehrpfad an der Geschäftsstelle oder in der mobilen Bastelwerkstatt. Seit 2014 gibt es 12 DJV-

Die mobile Bastelwerkstatt

Naturpädagogen im Land MV, die ehrenamtlich ebenfalls zusammen über 1.200 Kinder und Jugenliche in diesem Bereich betreuen und durch den LJV MV unterstützt werden.

Die Nachfrage in diesem Bereich steigt stetig, auch Lehrerfortbildungen gewinnen zunehmend an Interesse, denn man erkennt, die Natur ist ein großartiger Lehrmeister.

Jagdrecht in Mecklenburg-Vorpommern zwischen Tradition und Moderne

von Florian Asche

Stiftung Wald und Wild in MV

Dr. Florian Asche Rechtsanwalt Hamburg und Vorstand Stiftung Wald und Wild in MV

„Wenn die Welt untergeht, dann ziehe ich nach Mecklenburg. Dort geht sie 50 Jahre später unter."

Als Bismarck ein wenig despektierlich die rückwärtsgewandte Politik im deutschen Nordosten beschrieb, da lag er mit seiner Diagnose nicht ganz falsch. Die Großherzogtümer Mecklenburg-Schwerin und Mecklenburg-Strelitz waren damals typische Beispiele für veraltete Staatsstrukturen mit ständischem Verfassungssystem, geringer Wirtschaftsleistung und bedrückender Armut. Ein wesentlicher Exportartikel waren Auswanderer, deren Namen sich heute vorwiegend im amerikanischen mittleren Westen wiederfinden. Reformen wurden regelmäßig ausgesessen, so dass Fritz Reuter witzelte, Artikel 11 der Landesverfassung solle am besten gleich lauten: „Bliwt allens bi'n ollen."

Doch was vor 140 Jahren noch veraltet wirkte, dass ist heute traditionsbewusst, Armut wurde zur Bescheidenheit und Ignoranz zum landestypischen Pragmatismus. Das moderne Mecklenburg-Vorpommern ist ein Bundesland, das sich seiner Stärken sehr wohl bewusst ist. Dazu zählt nicht nur ein ausgeglichener Haushalt, sondern auch ein stetiges Wachstum im Tourismus- und Agrarsektor. Zu dieser Erfolgsgeschichte gehört das Bewusstsein, nicht jeden Unsinn unbedingt mitmachen zu müssen. Nirgendwo wird das deutlicher als im Bereich der Naturnutzung, insbesondere bei der Jagd. Anders als Nordrhein-Westfalen und Baden-Württemberg stellt die Jagd in Mecklenburg-Vorpommern einen Teil der Landesidentität dar, ebenso wie die Fischerei und die Land- und Forstwirtschaft. Über 60.000 Bürger sind Mitglied in einem der jeweiligen Nutzerverbände und so verwundert es nicht, dass auch die politische Spitze des Landes offen und pragmatisch für den Ausgleich zwischen Nutzer- und Schutzinteressen sorgt. Dabei kommt die Großräumigkeit des Landes der Konfliktlösung entgegen. Vieles verläuft sich hier schon aufgrund der Fläche. Es ist eben genug Natur für alle da. Dies stellt den wohltuenden Hauptunterschied dar, zu den süd-west-deutschen Ballungszentren, in denen die Politik von der Naturentfremdung vorangetrieben wird. So muss Mecklenburg-Vorpommern nicht jede Mode der sogenannten „ökologischen" Jagdgesetze mitmachen, die doch nur eine naturentfremdete Stadtklientel befriedigen sollen. Die Ökologie ist hier schlichter Bestandteil des allgemeinen Naturumgangs. „Alle reden von Natur, doch wir haben sie noch", so könnte man es zusammenfassen.

Doch auch die reiche Natur dieses schönen Bundeslandes ist regelmäßiger Veränderung unterworfen, auf die der Gesetzgeber maßvolle und praxisorientierte Antworten finden muss. Das gilt insbesondere für den Umgang mit Neozoen, die Rückwanderung des Wolfes oder für das Spannungsverhältnis zum Naturschutz. Allerdings zeigt sich auch hier, dass der Umgang mit den unterschiedlichen Zielkonflikten im Land weniger schrill und hysterisch ist, als im Rest der Bundesrepublik. Es entspricht der pragmatischen Herangehensweise, wenn die Entwicklung der Wolfsbestände einerseits als Faktum erkannt, andererseits jedoch als Herausforderung für die kulturelle Identität der Naturnutzung begriffen wird. Die ideologiefreie Denktradition im Land wird es ermöglichen, auch hier für den notwendigen Ausgleich zu sorgen, wenn es um das Jagdrecht geht.

Aus Sicht einer im Land engagierten NGO bieten sich insofern mehrere Ansatzpunkte für Reformen:

1. Die Jagd als vernünftiger Grund für die Tötung von Wirbeltieren

Die Jagdausübung ist legislativ als „vernünftiger Grund für die Tötung von Wirbeltieren" im Sinne von § 17 TierschG zu definieren. Aktuell häufen sich nämlich die Strafanzeigen gegen Jäger, denen vorgeworfen wird, grundlos Tiere zu töten. Regelmäßig werden sie damit begründet, der Jäger verhalte sich zwar jagdrechtskonform, halte z. B. die Schonzeiten und die Anforderungen an die weidgerechte Jagdausübung ein, könne jedoch bei der Tötung eines Wirbeltieres keinen vernünftigen Grund für sich in Anspruch nehmen. Hochgradig umstritten ist beispielsweise die Tötung von Prädatoren zum Zwecke der Nutzwildhege. Solche Maßnahmen waren bislang absolut selbstverständlich, wenn der Jäger eine hinreichende Nutzwildstrecke, z. B. von Hasen, Fasanen und Enten, erzielen wollte. Demgegenüber machen Tierrechtsvereine geltend, die Tötung von Jagdkonkurrenten sei kein vernünftiger Grund im Sinne des TierschG.

Es kann nicht hingenommen werden, dass Jäger bei der weidgerechten Jagdausübung im Rahmen der Schonzeiten immer stärkeren tierschutzrechtlichen Verfolgungsintentionen ausgesetzt werden. Sofern der Gesetzgeber die Jagdmöglichkeit auf Wild im Rahmen bestimmter Schonzeiten eröffnet, so hat er damit ein klares Votum für die Bejagung als vernunftsgeprägte Nutzungsform abgegeben. Folgerichtig muss im Rahmen der geltenden Schonzeiten die Jagd legaldefinitorisch als vernünftiger Grund geregelt werden, um rechtskonform handelnde Jäger nicht einer unangemessen Verfolgung auszusetzen.

2. Katalog jagdbarer Arten

Der Katalog jagdbarer Arten wird in den einzelnen Landesjagdgesetzen unterschiedlich gehandhabt. Je nach weltanschaulicher Einstufung der jeweiligen Tierart als „besonders schützenswert", „nutzbar" oder „bejagungsnotwendig" werden Wildarten dem Jagd-, bzw. dem Naturschutzrecht unterstellt. Eine wissenschaftlich belegbare Ableitung für die Sinnhaftigkeit eines solchen Vorgehens ist regelmäßig nicht zu erkennen. Bei der Bejagung von Schalenwild argumentiert der Gesetzgeber regelmäßig mit dessen Schadenspotential. Dieser Umstand bleibt jedoch bei schadensrelevanten Wildtieren wie dem Wolf ohne Beachtung, obgleich dessen reale Schadensauswirkung (Nutztierrisse und Jagdwertminderung) auf der Hand liegt.

Ähnlich unverständlich ist die Einordnung von Biber, Bisam und Nutria, deren Bejagung aus Deich- und Forstschutzaspekten besonders gewünscht ist, die auch nutzbar sind und die dennoch dem Naturschutzrecht unterstellt werden. Offen bleibt in diesem Zusammenhang regelmäßig eine sachliche Auseinandersetzung mit dem Grund, eine Wildart dem Jagdrecht zu unterstellen. Dafür bieten sich im Wesentlichen zwei Ansätze: die jagdliche Nutzung im Rahmen des Eigentümerrechts und die ökologischen Auswirkungen auf jagdbare Arten oder das sonstige Schadenspotential.

Um daraus eine Faustformel abzuleiten, sollte eine Wildart ohne ideologische Scheuklappen dem Jagdrecht unterstellt werden, sofern und soweit man sie bejagen und nutzen will. Andere Wildarten sind dem Jagdrecht zu unterstellen, weil man sie jagen muss, um weiterhin Strecken der Nutzungswildarten erreichen zu können. Unter dieser Prämisse gehören sämtliche nutzbaren Tierarten, die auch kulturhistorisch regelmäßig bejagt wurden, in das Jagdrecht. Als Spiegelbild der entsprechenden Hegeverpflichtung gehören sämtliche Prädatoren dieser Tiere notwendig ebenfalls in das Jagdrecht. Gesetzesziel muss es insofern sein, einen geschlossenen Nutzungs- und Regulationskreislauf im Gesetz abzubilden.

3. Stärkung der Hegegemeinschaften zur Entlastung der Verwaltung

Die Kompetenzen der Hegegemeinschaften sind im Rahmen jagdlicher Selbstverwaltung zu stärken. Zu diesem Zweck sind Hegegemeinschaften verbindlich mit den entsprechenden satzungsgemäßen Instrumentarien auszustatten.
Der bereits für Rehwild bestehende 3-Jahres-Abschussplan sollte dazu auf alle Schalenwildarten erweitert und weitestgehend in die Disposition der Hegegemeinschaften gestellt werden. Gleiches gilt für sämtliche rein dokumentierenden Maßnahmen. So ist es nicht einzusehen, warum bspw. Wildfolgevereinbarungen bei der unteren Jagdbehörde vorgelegt werden müssen. Schließlich handelt es sich um Übereinkünfte zwischen Jagdnachbarn, die genehmigungsfrei sind.

4. Jägerprüfung

Die Jägerprüfung sollte praktischer gestaltet werden. So ist es für die Jagdausübung nicht notwendig, Naturschutzbiotope gem. § 30 BNatschG einordnen zu können. Sehr wohl ist es aber nötig, sauber Wild anzusprechen, zum Beispiel im Interesse des Muttertierschutzes auf Bewegungsjagden. Außerdem ist die einmalige Prüfung um ein laufendes Weiterbildungsgebot zu erweitern, das einerseits der Erhaltung der Schießfertigkeit gilt (Pflichtteilnahme an Schießveranstaltungen), andererseits der laufenden Weiterbildung im Hinblick auf Wildbiologie und jagdliche Praxis. Im Rahmen der prioritären jagdlichen Selbstverwaltung sind derartige Veranstaltungen von den Jägerschaften und Hegegemeinschaften auszurichten, z. B. im Rahmen ihrer jährlichen Hauptversammlungen.

5. Schonzeiten

Im Walde sollte vom 1. Januar bis zum 30. März Schonzeit für alles Schalenwild herrschen. Ein solches Modell entspricht den Erkenntnissen der Wildbiologie zur Stoffwechselruhe des Schalenwildes und dient der Vermeidung von Schälschäden. In Feldrevieren wird es hingegen bei der Möglichkeit bleiben müssen, Schäden an den Kulturen zu verhindern, auch durch jagdliche Maßnahmen.

Stiftung Wald und Wild
in Mecklenburg-Vorpommern
An der Schildmühle 6a
19260 Schildfeld

Einigkeit der Naturnutzer

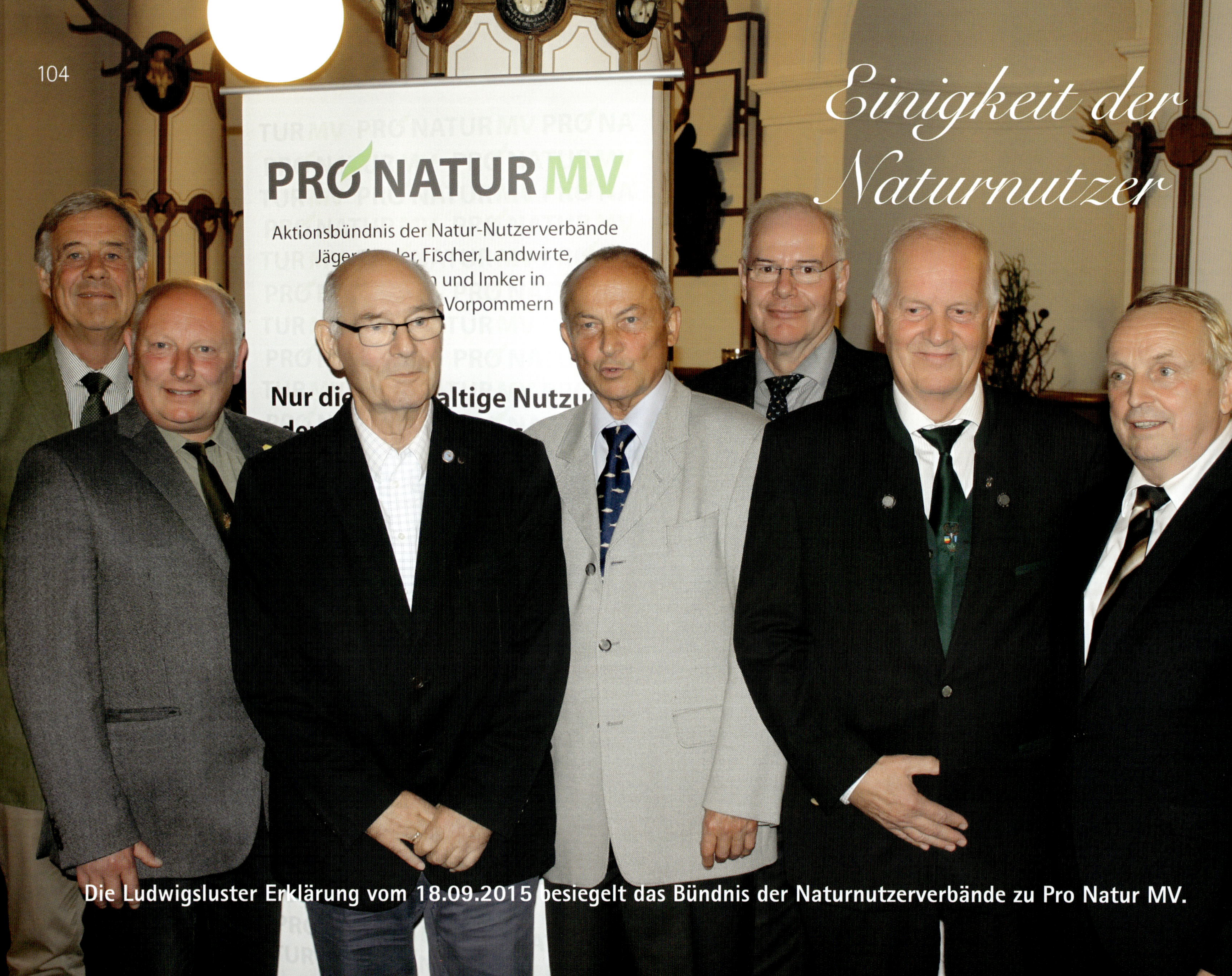

Die Ludwigsluster Erklärung vom 18.09.2015 besiegelt das Bündnis der Naturnutzerverbände zu Pro Natur MV.

Auf dem Parlamentarischen Abend im Gespräch mit der Politik

Das Aktionsbündnis „PRO Natur MV" will dazu beitragen, im Einklang mit der Nutzung die Natur zu erhalten und zu pflegen. Ihr Ziel ist es, die Interessen der Naturnutzer und des Naturschutzes zu bündeln und aufeinander abzustimmen, um auf diese Weise dem Gebot der Nachhaltigkeit gerecht zu werden und so unsere Kulturlandschaft als lebenswerte Umwelt zu erhalten.
Sie stellt sich dabei die Aufgabe, alle Fragen des ländlichen Raums von landespolitischer Bedeutung, insbesondere Fragen des Eigentums, der Wirtschafts- und Umweltpolitik, der nachhaltigen Nutzung und des Schutzes von Natur und Landschaft und der Rechte von Anglern, Fischern, Imkern, Jägern, Landwirten und Waldbesitzern zu erörtern und zu beurteilen. Dabei wird angestrebt, eine gemeinsame Auffassung aller Mitgliedsorganisationen herbeizuführen, ohne die Entscheidungsfreiheit der Mitgliedsorganisationen einzuschränken.

Unterzeichnete Erklärung der Naturnutzerverbände Mecklenburg-Vorpommerns
Ludwigslust, 18.09.2015

www.pro-natur-mv.de

Der Naturfilm Irgendwo in Mecklenburg

Filmidee, Kamera	Michael Paasch
Texte	Ulf-Peter Schwarz
Filmschnitt	Stephan Paasch
Sprecher	Christian Schult

Texter Ulf-Peter Schwarz und Filmer Michael Paasch während der Sendung bei Thilo Tautz

Anfang 2016 konnte der 45-minütige Naturfilm „Irgendwo in Mecklenburg" vom Tierfilmer Dr. Michael Paasch in einer Auflage von 12.000 Exemplaren dank der großzügigen Förderung durch die Stiftung Wald und Wild in MV jedem Jäger in MV übergeben werden. Die eindrucksvollen Natur- und Tieraufnahmen begeisterten Jäger wie Nichtjäger gleichermaßen. Dr Michael Paasch war es gelungen, in unzähligen Stunden großartige Naturmomente festzuhalten – der NDR berichtete spontan

NWM – Der Jagdbuchverlag aus Mecklenburg-Vorpommern

Seit 1994 am Markt erschienen bisher fast 200 Publikationen, vorwiegend zu den Themen Jagd, Natur und Kunst unter dem Label „Fox", aber auch Regionales, Humorvolles, Karten oder Kinderbücher. Der in Grevesmühlen im Nordwesten des Landes ansässige Verlag veröffentlicht jährlich 10 Neuerscheinungen, wobei besonderes Augenmerk auf inhaltliche Qualität und hochwertige Ausführung gelegt wird – denn das Buch gilt hier als Kunstwerk und nicht als Massenware.

Jagd-/Forstgeschichte

Generationen in Grün
Klaus Borrmann

Auf über 450 Seiten! erzählt der passionierte Forstmann Borrmann Geschichten vom Alltag der Förster, Jäger und Naturschützer. Im Mittelpunkt dieser Erzählungen steht das Leben auf dem Lande in den wechselvollen Zeiten zwischen Kaiserreich, Weimarer Republik, NS-Diktatur, sozialistischer DDR und bundesdeutscher Realität. Interessante Begegnungen mit schnurrigem Heideläufer, überheblichem Forstinspektor, königlich-preußischem Landrat, ungeliebtem Minister für Staatssicherheit oder manch anderem Zeitgenossen verleihen dem Buch einen spannungsgeladenen Charakter.
Der Leser erfährt in Momentaufnahmen nicht nur interessante Einzelheiten vom Leben der Ahnen in der Neumark, in Pommern und der Mark Brandenburg, sondern auch von den Lebensmittelpunkten des Autors in der Uckermark und in Mecklenburg.

ISBN: 978-3-946324-06-5
452 Seiten, 232 Abbildungen, geb. **24,95 €**

Reiseerlebnis

Bärenspeck mit Pfeffer
Karin Haß

Ostsibirien – ein Fluss und unermessliche Taigawälder – verloren darin ein kleines Dorf. Keine Straße, keine Bahn- und keine Telefonverbindung. In „Bärenspeck mit Pfeffer" erlaubt Karin Haß tiefe Einblicke in das wirkliche Leben im dörflichen Sibirien – realitätsnah, empfindsam und offen. Die unterhaltsam erzählten Geschehnisse sind geprägt vom extremen Klima, der Selbstversorgung aus der Natur, großer Genügsamkeit, heiteren wie tragischen Ereignissen innerhalb der Dorfgemeinschaft und nicht zuletzt von einer ungewöhnlichen Liebe zweier so unterschiedlicher Persönlichkeiten.

ISBN: 978-3-937431-77-2, ca. 216 S., Fotos, geb. **19,90 €**

Jagdfachbuch

Im Land der Hirsche – Das Rotwild in MV
Klaus Puppe et al.

Das Rotwild in Mecklenburg-Vorpommern in einer beispiellosen Monografie: Lebensräume, Verbreitung und Entwicklung, Geweihentwicklung, die Hegegemeinschaften, Spitzenhirsche des Landes, Analysen und Schlussfolgerungen zur Bejagung, Entwicklungen und Tendenzen! Klaus Puppe und das Autorenkollektiv legen hiermit ein monumentales Zeugnis über das Rotwild in MV ab.
Die Bibel nachhaltiger Rotwildbewirtschaftung...

ISBN: 978-3-937431-82-6, ca. 491 S., 657 Fotos, geb. **34,90 €**

Kunstbuch

Messerscharfe Kunst
Heribert Saal

Dieses Buch stellt Sie an die Seite des Schmiedes Kilian Kreutz. Es lässt Sie eintauchen in die uralte Handwerkskunst des Schmiedens mit Hammer, Amboss, Feuer und glühender Kohle.Das Verformen des rotglühenden Stahls in Gebrauchsgegenstände wie Messer und Äxte, dazu der Mythos des Damaszenerstahls – es fasziniert so gut wie jeden. Das Lesen dieses Buches nimmt Sie mit auf eine Reise sowohl in die Vergangenheit als auch in die Gegenwart. Es vermittelt Wissen, was nicht so geläufig ist und stellt zudem ein Nachschlagewerk der besonderen Art dar.

ISBN: 978-3-946324-11-9, 23 x 15 cm, 120 Abbildungen, 148 Seiten, geb. **19,00 €**

Kinderbuch

Mein Wildtier-Abenteuer
Gert G. v. Harling
Birte Keil

In einer Welt der zunehmenden Naturentfremdung, geprägt von Hektik und Stress und einer wachsenden Digitalisierung von Alltag und Beruf geht die Kenntnis über die Natur verloren. Die Folge sind Kinder, die nur Bambi und lila Kühe kennen. Der erfahrene Jäger und Jagdschriftsteller Gert G. v. Harling beschreibt die Tierwelt fachlich und kindgerecht. Entstanden ist ein einzigartiges Wildtierabenteuer für Groß und Klein.
Die Stiftung Wald und Wild in Mecklenburg-Vorpommern förderte die Herausgabe dieses Kinderbuches maßgeblich.

ISBN: 978-3-937431-72-7, 132 Seiten, geb. **12,95 €**

Jagdhumor

Der Schlüpfertyp – Die Weidmannssprache als Quiz
Ulf-Peter Schwarz

365 Quiz-Fragen für Nichtjäger und Jäger aus den Bereichen Weidmannssprache sowie der Natur und Tierwelt.
Welcher Vogel legt das größte Ei? Wie oft schlägt der Kolibri pro Sekunde mit den Flügeln? Was ist eigentlich „Genossen machen" und wer ist nun der „Schlüpfertyp"?
Ob angehender Jäger, gestandener Weidmann oder Naturfreund, in diesem Quiz lernt jeder etwas dazu.
Der Autor wird versuchen, Sie „auf die falsche Fährte" zu lenken, aber auf dem beigelegten LÖSEZEICHEN finden Sie die richtige Antwort. Mit 75 lustigen Cartoons vom Tiermaler und Zeichner UP Schwarz.

ISBN: 978-3-946324-12-6, 160 S., 75 Abb, geb. mit Schutzumschlag **17,50 €**

---

cw Nordwest Media Verlagsgesellschaft mbH (NWM-Verlag) • Am Lustgarten 1 • 23936 Grevesmühlen • Tel.: 03881-2339 • Fax: 03881-79143 • info@nwm-verlag.de • www.nwm-verlag.de

Das Wildtier – auf Leinwand und Papier

Der mecklenburgische Tiermaler UP Schwarz (Jg. 59) beschäftigt sich seit über 20 Jahren mit der Wildtiermalerei. Seine Zeichnungen und Ölgemälde wurden auf zahlreichen Ausstellungen in Deutschland, England und der Schweiz gezeigt. 2014 erschien sein Bildband „Wildtiermalerei – Von Anfang an" im NWM-Verlag. Neben den Ausstellungen finden sich seine Zeichnungen, Gemälde aber auch Cartoons in vielen jagdlichen Publikationen.

Wolf mit Apfel

Flöhender Fuchs

Fasanenbalz

UP Schwarz • Dorfstraße 17 • 23936 Plüschow • E-Mail: info@upschwarz.com • www.upschwarz.com

Bestechende Lebendigkeit

Das Unternehmen Präparationsatelier „Wildlife" Dirk Opalka, besteht seit 1994 in Fuhlendorf Mecklenburg-Vorpommern. In dem modern ausgestatteten Atelier entstehen Tierpräparate im obersten Qualitätssegment.

Uneingeschränktes Ziel des Unternehmens ist es, Tierpräparationen in bestechender Lebendigkeit und Natürlichkeit für anspruchsvollste Kundenkreise zu fertigen.

Bei den Europa- und Weltmeisterschaften der Präparatoren erreichte Dirk Opalka mit seinen Exponaten seit Jahren Spitzenplatzierungen. 2008 errang Dirk Opalka mit seiner Fuchsgruppe den Weltmeistertitel.

Atelier für kreative Tier- und Jagdtrophäenpräparation
Reproduktion prähistorischer Tiere

Dorfstraße 139
D-18356 Fuhlendorf
Tel.: +49 (0)3 82 31/4 13 98
Fax: +49 (0)3 82 31/4 59 860
E-Mail: d.opalka@freenet.de

Jagdschloss Granitz

www.granitz-jagdschloss.de

Jagdschloss Granitz – die Krone Rügens

Einst der luxuriös ausgestattete Jagdsitz der Putbuser Fürstenfamilie, ist das zwischen 1837 und 1846 erbaute Schloss heute der attraktivste Besuchermagnet Rügens. Ein traumhafter Blick über die Insel Rügen, ein Rundgang durch ein Schloss voller Geschichte und Geschichten, eine Traumhochzeit in unvergesslichem Ambiente – wählen Sie selbst.

Jagdschloss Granitz
Postfach 1101
18609 Ostseebad Binz
Telefon: 038393 – 667 187 644
E-Mail: jagdschloss-granitz@mv-schloesser.de

Jagdschloss Gelbensande

Jagdschloss Gelbensande – vom Traum zur Wirklichkeit

Das als sommerliches Jagdhaus konzipierte Gebäude wurde vom regierenden Großherzog Friedrich Franz III. (1851-1897) Anfang der 1880er Jahre in Auftrag gegeben. Nach Plänen des mecklenburgischen Hofbaurates Gotthilf Ludwig Möckel (1838-1915) wurde es im Wesentlichen im Jahre 1885 errichtet und mit der Ausstattung 1887 vollendet. Nach wechselvoller Geschichte hat das Jagdschloss seit November 2008 mit dem Denkmalenthusiasten und Bauunternehmer Dirk Elgert einen neuen Besitzer.

Einheimische wie Touristen sind herzlich willkommen, die Einzigartigkleit des Hauses und seines Umfeldes zu erleben.

- unvergessliche Traumhochzeiten in herrschaftlicher Kulisse
- hauseigene kulinarische Köstlichkeiten auf neu errichteter Außenterrasse
- Walzerbrunch in einer herrlichen Kulisse
- Museumsbesuche, Kutschfahrten und Fahrradtouren in die Rostocker Heide
- Schlossführung durch das geschichtsträchtige Jagdschloss

Jagdschloss Gelbensande Residenz GmbH
Am Schloss 1, 18182 Gelbensande
Geschäftsstelle: Am Gutspark 6,
18196 Hohen Schwarfs
Tel. 038208/826633
www.jagdschloss-gelbensande.de

Fotos © Anita Stang

Jagdschloss Friedrichsmoor

Zu unseren vielfältigen Angeboten gehören ein Restaurant mit Kaminzimmer und historischer Szenentapete, ein Hotel mit 10 Zimmern, ein Festsaal und eine Pferdezucht mit Arabern und Lewitzern. Unser à la carte Restaurant hat täglich geöffnet. Gern richten wir Ihre Familienfeier, Hochzeit oder Tagung aus. Trauungen sind auch vor Ort möglich. Sie können bei uns den Alltag hinter sich lassen und die Ruhe genießen, wandern oder die weitläufige Natur mit dem Fahrrad erkunden.

Jagdschloss Friedrichsmoor
Hotel-Restaurant-Pferdezucht
Schlossallee 10 • 19306 Friedrichsmoor • 038757/597170
www.jagdschloss-friedrichsmoor.de

Einzigartig: historische Jagdtapete aus dem Jahr 1814

Das Grabower Schützenhaus aus dem Jahr 1849, lange ein Glanzstück der Stadt und später verfallen und vergessen, wurde 2015 nach umfangreicher Sanierung neueröffnet.
Eine interessante Jagdausstellung als Dauerleihgabe der Försterfamilie Polzer mit zum Teil sehr seltenen Präparaten, Jagdutensilien und Trophäen ist nach Absprache mit der Stadtverwaltung zu besichtigen. Ziel der Ausstellung ist es, die Natur und alles was mit ihr in Zusammenhang steht, wieder ins Bewusstsein der Menschen zu rücken. Dabei soll die Ausstellung nicht nur für Jäger interessant sein, sondern einem breiten Publikum zur Schulung und Anschauung dienen.

1. Biosphärenreservat Schaalsee
2. Nationalpark Vorpommersche Boddenlandschaft
3. Nationalpark Jasmund
4. Biosphärenreservat Südost-Rügen
5. Naturpark Insel Usedom
6. Naturpark „Am Stettiner Haff"
7. Naturpark Feldberger Seenlandschaft
8. Müritz-Nationalpark
9. Naturpark Flusslandschaft Peenetal
10. Naturpark Mecklenburgische Schweiz und Kummerower See
11. Naturpark Nossentin/Schwinzer Heide
12. Naturpark Sternberger Seenland
13. Biosphärenreservat Flusslandschaft Elbe – Mecklenburg-Vorpommern

Nationalparks, Naturparks und Biosphärenreservate in MV

Die 13 Nationalen Naturlandschaften nehmen fast 20 Prozent der Landesfläche Mecklenburg-Vorpommerns ein. Zu ihnen zählen drei Nationalparks, drei Biosphärenreservate sowie sieben Naturparks. In den Nationalparks Vorpommersche Boddenlandschaft, Jasmund und Müritz wird der eigenständigen Naturentwicklung Vorrang vor jeglichen Nutzungsansprüchen eingeräumt. Die drei Biosphärenreservate Schaalsee, Flusslandschaft Elbe Mecklenburg-Vorpommern und Südost-Rügen stellen Modellregionen eines weltweiten UNESCO Netzes dar, in denen nachhaltige Entwicklungskonzepte, die auf das Gleichgewicht von Ökologie, Ökonomie und Sozialem ausgerichtet sind, umgesetzt werden. In den sieben Naturparks unseres Landes (Insel Usedom, Am Stettiner Haff, Flusslandschaft Peenetal, Feldberger Seenlandschaft, Mecklenburgische Schweiz und Kummerower See, Nossentiner/Schwinzer Heide, Sternberger Seenland) geht es um die Bewahrung und Entwicklung der vom Menschen geprägten und über Jahrhunderte gewachsenen Kulturlandschaft mit ihren Naturreichtümern. Hunderttausende Besucher erleben alljährlich in diesen Landschaften, vielfach mit fachkundiger Führung, die großartige Natur Mecklenburg-Vorpommerns.

Biosphärenreservat Schaalsee

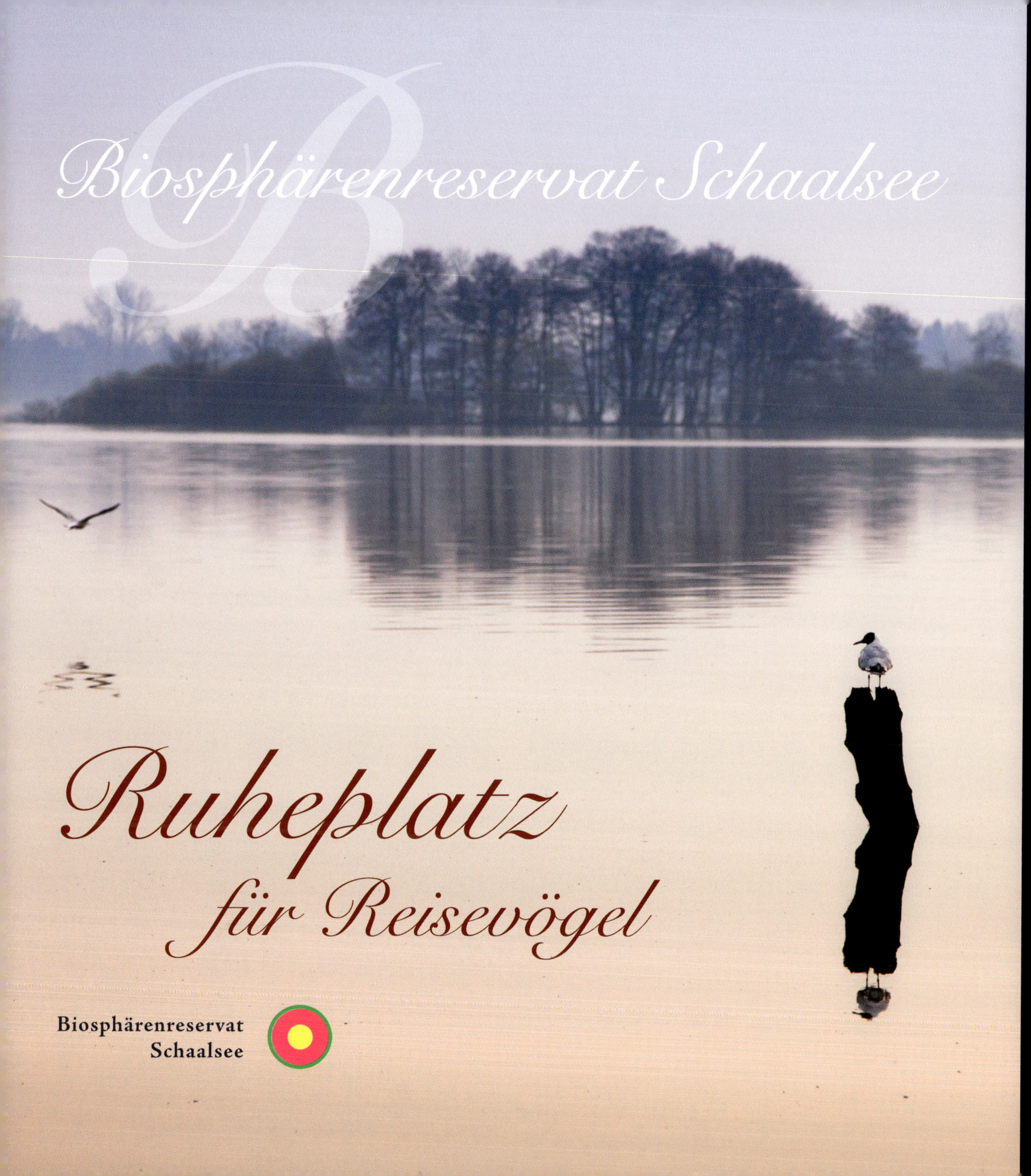

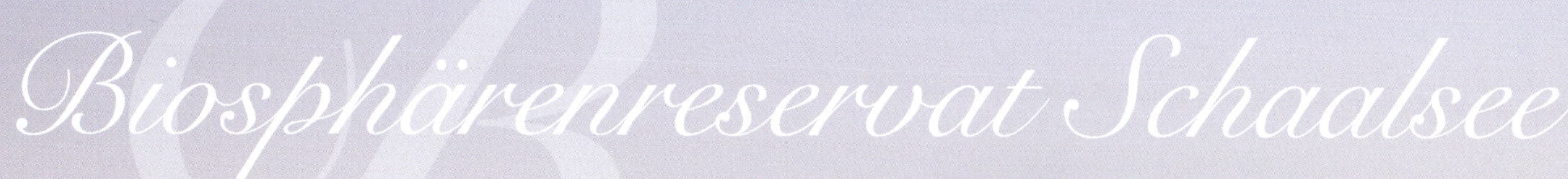

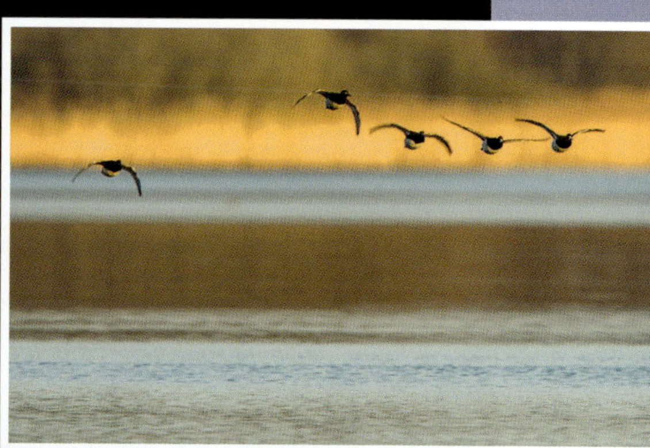

Ruheplatz für Reisevögel

Biosphärenreservat
Schaalsee

Biosphärenreservatsamt
Schaalsee-Elbe
PAHLHUUS
Wittenburger Chaussee 13
19246 Zarrentin am Schaalsee
Tel. 038851 3020
www.schaalsee.de

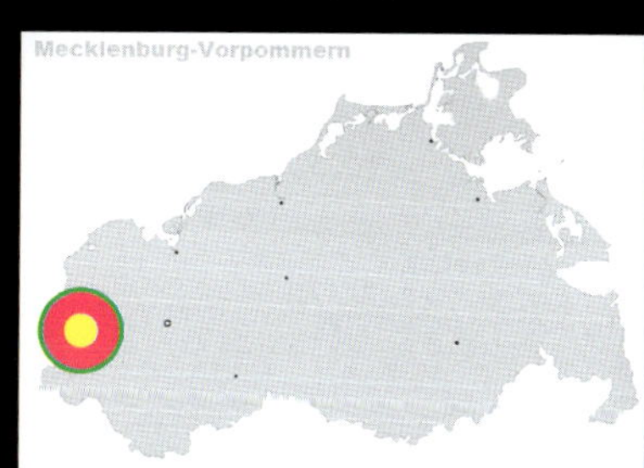

Nationalpark Vorpommersche Boddenlandschaft

Nationalparkamt Vorpommern
Im Forst 5
D-18375 Born (Darß)
Tel.: 038234 5020
www.nationalpark-jasmund.de

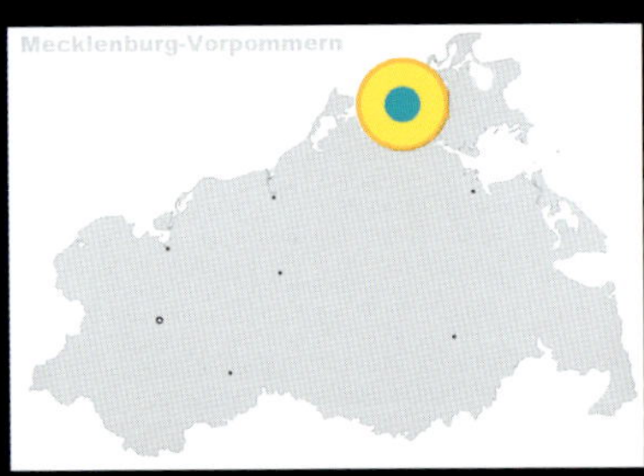

Nationalpark
Vorpommersche
Boddenlandschaft

Lagunen der Ostsee

Nationalpark Jasmund

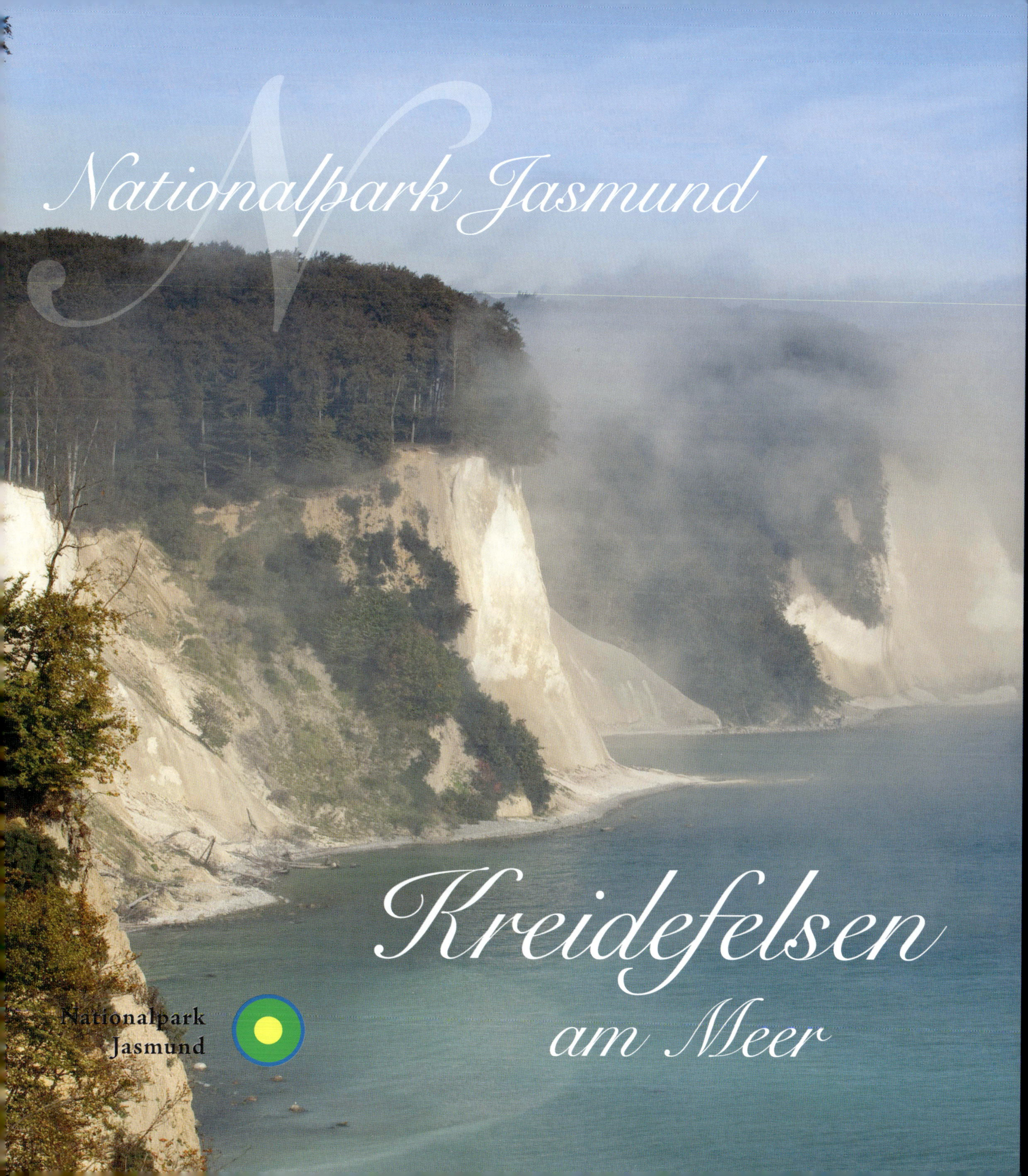

Nationalparkamt Vorpommern
Im Forst 5
D-18375 Born (Darß)
Tel.: 038234 5020
www.nationalpark-jasmund.de

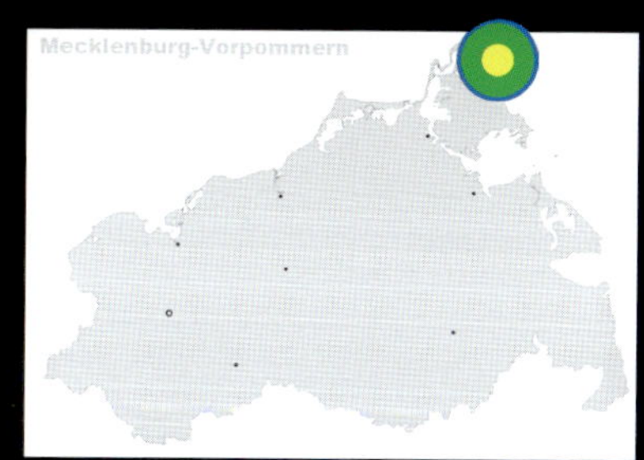

Kreidefelsen am Meer

Nationalpark Jasmund

Biosphärenreservat Südost-Rügen

Biosphärenreservatsamt
Südost-Rügen
Circus 1
18581 Putbus
Tel.: 038301 8829-0
www.biosphaerenreservat-suedostruegen.de

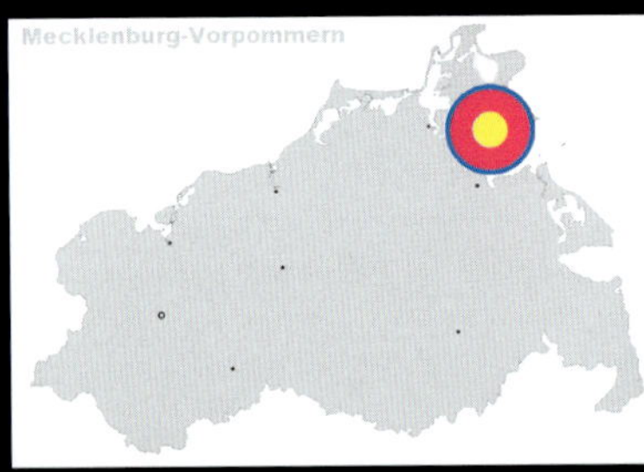

Ein Wildvogelparadies lädt ein

Biosphärenreservat
Südost-Rügen

Lange Sandstrände und beschauliche Achterwasser

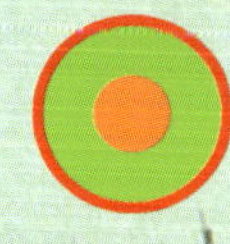
Naturpark Insel Usedom

Naturpark Insel Usedom
Bäderstraße 5
17406 Usedom
Tel.: 038372 763-0
www.naturpark-usedom.de

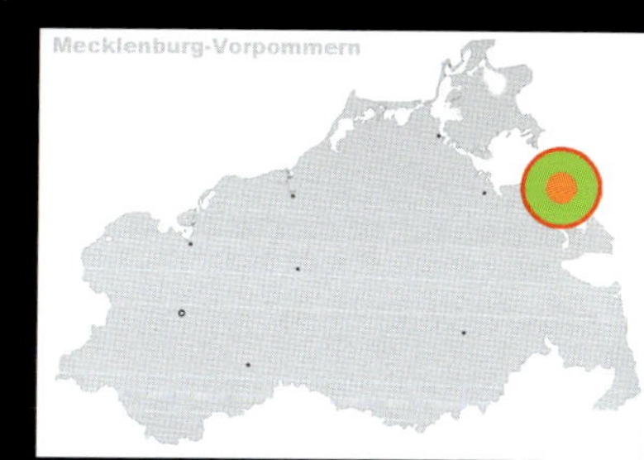

Fotos © Jürgen Reich

Naturpark Am Stettiner Haff

Naturpark Am Stettiner Haff
Am Bahnhof 4–5
17367 Eggesin
Telefon: 039779 2968 0
www.naturpark-am-stettiner-haff.de

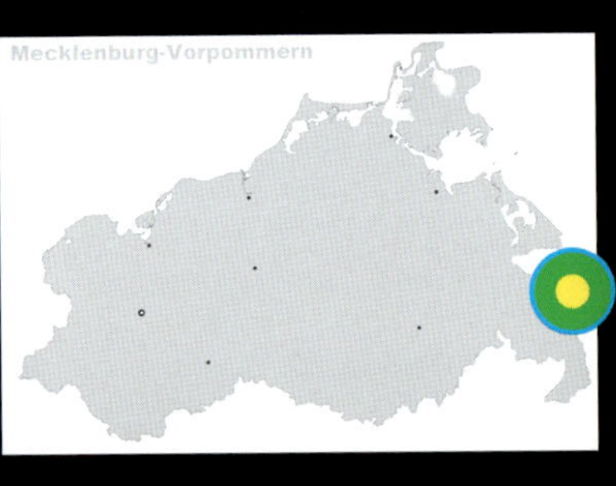

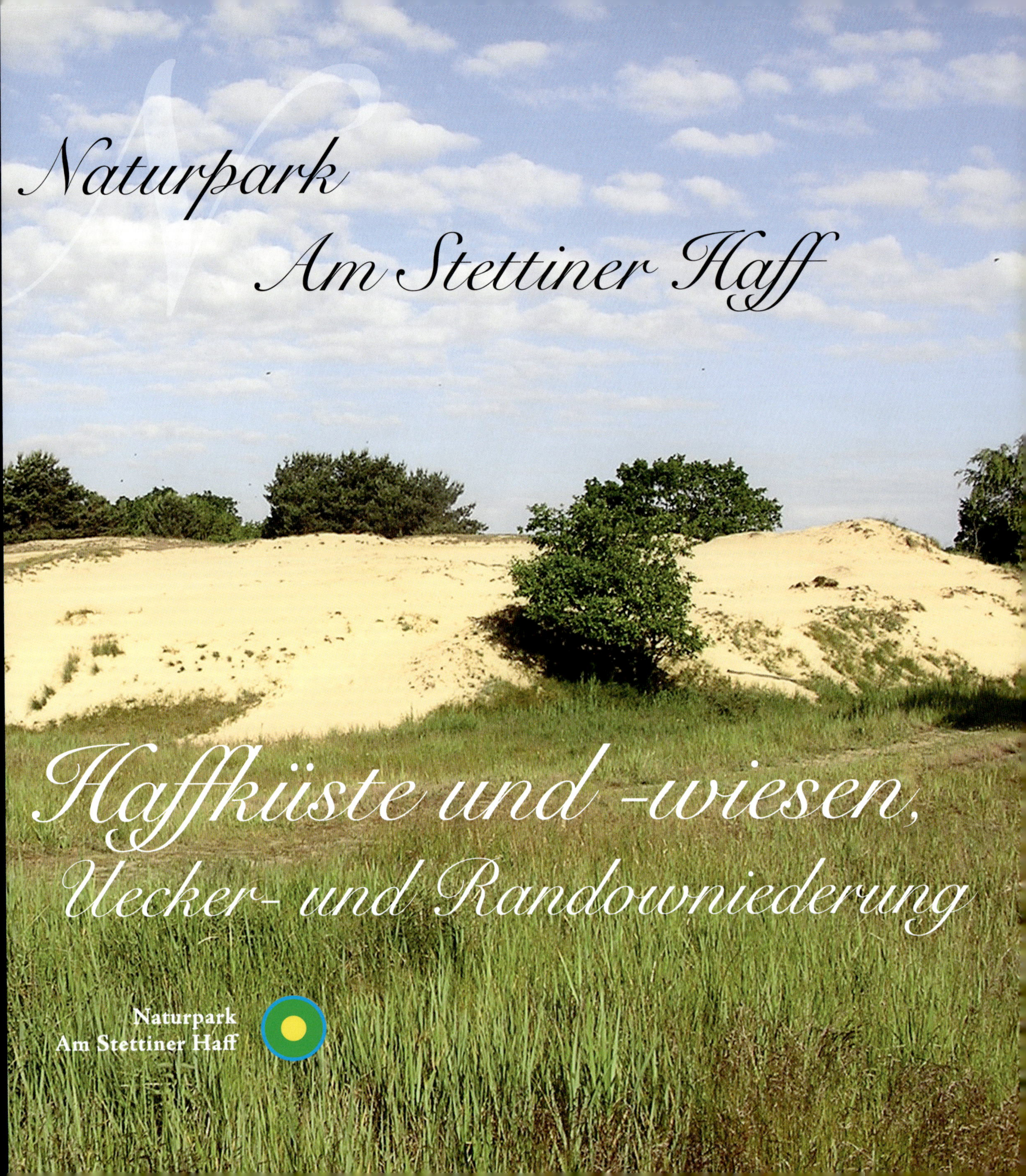

Haffküste und -wiesen, Uecker- und Randowniederung

Naturpark
Am Stettiner Haff

Naturpark Feldberger Seenlandschaft

Buchenwälder und Seen als Heimat des Fischotters

Naturpark Feldberger Seenlandschaft

Naturpark
Feldberger Seenlandschaft
Strelitzer Str. 42
17258 Feldberger Seenlandschaft
OT Feldberg
Tel.: 039831 5278-0
www.naturpark-feldberger-seenlandschaft.de

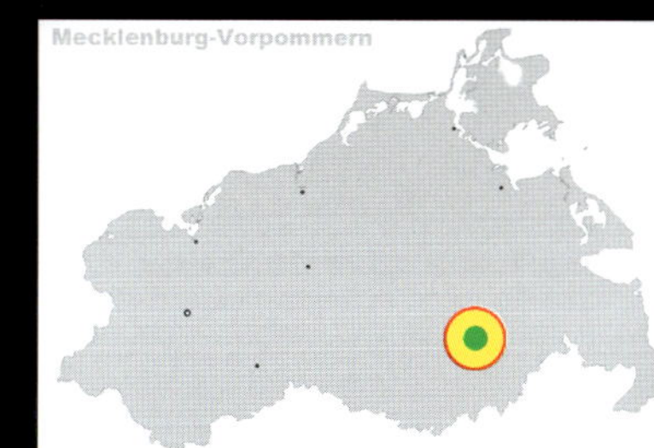

Müritz Nationalpark

Nationalparkamt Müritz
Schlossplatz 3
17237 Hohenzieritz
Tel.: 039824 252-0
www.mueritz-nationalpark.de

Wo Urwälder wachsen

Müritz-Nationalpark

Naturpark Flusslandschaft Peenetal

Am Amazonas des Nordens

Naturpark
Flusslandschaft
Peenetal

Naturpark
Flusslandschaft Peenetal
Peeneblick 1
17391 Stolpe
Tel.: 039721 569290
www.naturpark-flussland-
schaft-peenetal.de

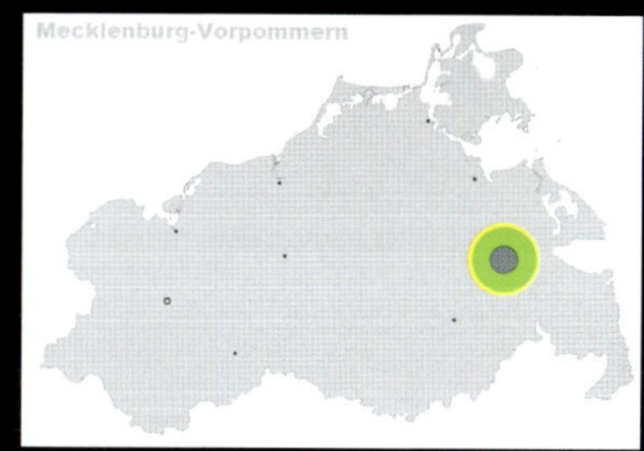

Naturpark Mecklenburgische Schweiz und Kummerower See

Naturpark
Mecklenburgische Schweiz
und Kummerower See
Wargentiner Straße 4
17139 Basedow
Tel.: 039957 2997-0
www.naturpark-
mecklenburgische-schweiz.de

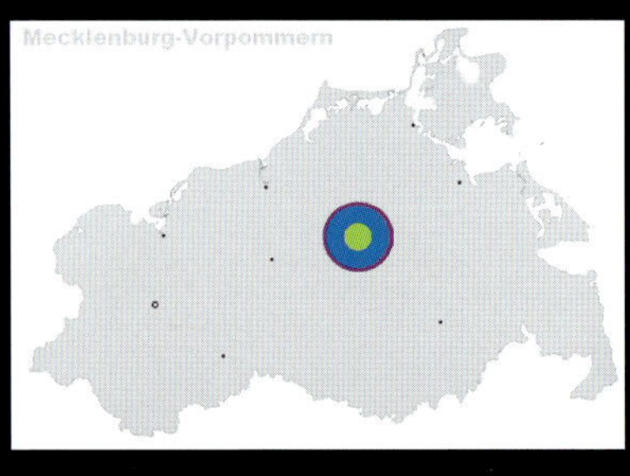

Land der Hügel und alten Bäume

Naturpark
Mecklenburgische Schweiz
und Kummerower See

Naturpark Nossentiner/Schwinzer Heide

Naturpark
Nossentiner/Schwinzer Heide
Ziegenhorn 1
19395 Plau am See, OT Karow
Tel.: 038738 7390-0
www.naturpark-nossenti-ner-schwinzer-heide.de

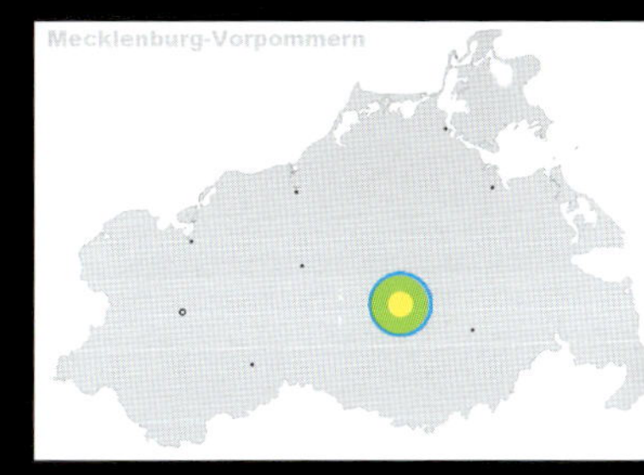

Weite Wälder – stille Seen

Naturpark
Nossentiner/Schwinzer Heide

Fotos © Jürgen Reich

Naturpark Sternberger Seenland

Land der Durchbruchstäler Fischer und Slavenburgen

Naturpark
Sternberger Seenland
Am Markt 1
D-19417 Warin
Telefon: 038482 23527-0
www.np-sternberger-seenland.de

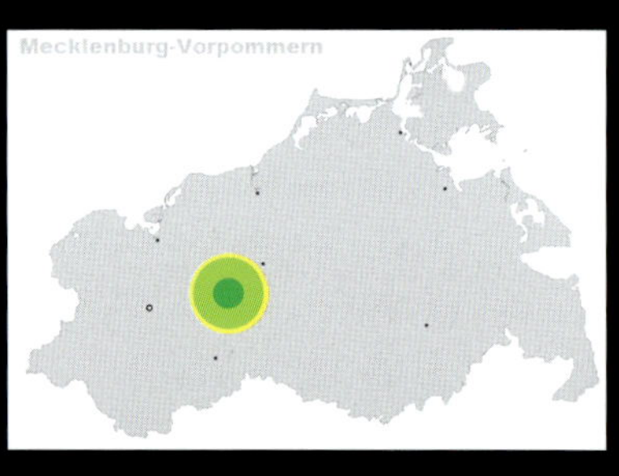

Naturpark
Sternberger Seenland

**Biosphärenreservat
Flusslandschaft Elbe-
Mecklenburg-Vorpommern**

Biosphärenreservatsamt
Schaalsee-Elbe
Wittenbuger Chaussee 13
19246 Zarrentin
Telefon: 038851 302-0
www.naturpark-flussland-
schaft-peenetal.de

Autor und Fotografen

Ulf-Peter Schwarz
Autor

„Die Natur ist unser größtes Gut und ihre Erhaltung unsere größte Verpflichtung. Dieses Buch soll Verständnis für und Achtung vor der Natur vermitteln."

Fotos Seite:
23 (1), 43 (1), 70, 71 (2), 93 (1), 98, 99, 104, 108, Grafik 114,

Frank Eckler
Naturfotograf

„Die Natur bietet so viele Möglichkeiten, etwas zu entdecken.
Wer sich damit intensiver beschäftigt, hat daran nicht nur Freude, sondern auch Erkenntnis."

Fotos Seite:
Seiten: V, VI, 6 (2), 7, 9 (2), 10, 11, 12 (2), 13 (3), , 14, 15 (3), 16, 17, 18, 19, 22, 24, 27, 28, 29, 32, 34, 40 (2), 42, 43, 44, 45 (1), 46, 53, 55 (1), 56, 72 (2), 74, 75 (3), 76, 77(1), 78, 79, 80, 81, 88, 89, 90, 91 (2), 115 (2), 116 (3), 123 (3),

Michael Paasch
Naturfotograf

„Bilder sollen unter die Haut gehen, das archaische in uns wecken und Ehrfurcht vor der Natur vermitteln.
Der Bildband wird diesem Anspruch gerecht und ermutigt nicht nur den Jäger zu aktivem Naturschutz."

Fotos Seite:
Titelbild, S. 6 (1), 8, 20, 23 (1), 33, 38, 39, 40 (1), 41, 45 (1), 52, 72 (1), 106,

Jürgen Reich
Naturfotograf

„Mit gut gestalteten und aussagestarken Fotografien möchte ich die Menschen erreichen, die offen für unsere Natur sind."

Fotos Seite:
S. 1, 4, 5, 21, 25, 26, 47, 48, 49, 50, 51, 54, 58, 59, 60, 61, 62, 63, 64, 65 (2), 68, 69, 73, 77 (1), 114, 117 (2),

Bildbeiträge weiterer Fotografen: Yachthafenresidenz Hohe Düne S. VIII, DJV S. X, 30 (1), 43(1), 92, LJV MV Henning Voigt S. XII, XIII, XIV, 87, 93 (2), 105; Anja Blank S. 87, 100, 101; Huckriede S. 31 (1); Thomas Köhler S. 31 (2); Margit Völtz S. 35; Klaus Dettmann S. 55 (3); Manfred Rose (pixelio) S. 63 (1); Krumenacker S. 66, 67 (2); Michael Stadtfeldt, Scheißhundestation Schaalsee, S. 86; Manfred Hartmann S. 94; Dirk Opalka S. 109; Staatliche Schlösser und Gärten M-V, 1 x Timm Allrich und 3 x Thomas Grundner S. 110; Elgert S. 111; Anita Stang S.112; Udo Steinhäuser S. 117 (1), 124 (2), 125 (2); Stephan Woidig S. 118 (2); Wolfgang Nehls S. 119 (3); Jürgen Barth S. 120 (1); Archiv LK Uecker-Randow S. 120 (1); Axel Griesau S. 121 (1); Martin Wyczyinski S. 121 (1); Dr. Hans-Dieter Knapp S. 122 (1); Nationalparkamt Müritz S. 122 (1); G. Marin-Ziegler S. 124 (1); Volker Brandt S. 126 (1); Dirk Foitlänger S. 127 (1); Wolfgang Mundt S. 127 (2);

Lust auf Mecklenburg-Vorpommern?

... schauen Sie rein!

Sie können sich nicht entscheiden?

... und überlegen noch?